建筑工人职业技能培训教材

建筑工程系列

架 子 工

《建筑工人职业技能培训教材》编委会 编

U0279418

中国建材工业出版社

图书在版编目(CIP)数据

架子工 /《建筑工人职业技能培训教材》编委会

编. —— 北京:中国建材工业出版社,2016.9(2023.2 重印)

建筑工人职业技能培训教材

ISBN 978-7-5160-1529-2

Ⅰ. ①架… Ⅱ. ①建… Ⅲ. ①脚手架—工程施工—技

术培训—教材 Ⅳ. ①TU731.2

中国版本图书馆 CIP 数据核字(2016)第 145055 号

架子工

《建筑工人职业技能培训教材》编委会 编

出版发行 中国建材工业出版社

地　　址:北京市海淀区三里河路 11 号

邮　　编:100831

经　　销:全国各地新华书店

印　　刷:北京雁林吉兆印刷有限公司

开　　本:850mm×1168mm 1/32

印　　张:8

字　　数:170 千字

版　　次:2016 年 9 月第 1 版

印　　次:2023 年 2 月第 4 次

定　　价:24.00 元

本社网址:www.jccbs.com　微信公众号:zgjcgycbs

本书如出现印装质量问题,由我社市场营销部负责调换。电话:(010) 57811387

前　言

《中华人民共和国就业促进法》、国务院《关于加快发展现代职业教育的决定》[国发(2014)19号]、住房和城乡建设部《关于印发建筑业农民工技能培训示范工程实施意见的通知》[建人(2008)109号]、住房和城乡建设部《关于加强建筑工人职业培训工作的指导意见》[建人(2015)43号]、住房和城乡建设部办公厅《关于建筑工人职业培训合格证有关事项的通知》[建办人(2015)34号]等相关文件,对全面提高工人职业操作技能水平,以保证工程质量和安全生产做出了明确的要求。

根据住房和城乡建设部就加强建筑工人职业培训工作,做出的"到2020年,实现全行业建筑工人全员培训、持证上岗"具体规定,为更好地贯彻落实国家及行业主管部门相关文件精神和要求,全面做好建筑工人职业技能教育培训,由中国工程建设标准化协会建筑施工专业委员会、黑龙江省建设教育协会、新疆建设教育协会会同相关施工企业、培训单位等,组织了由建设行业专家学者、培训讲师、一线工程技术人员及具有丰富施工操作经验的工人和技师等组成的编审委员会,编写这套《建筑工人职业技能培训教材》。

本套丛书主要依据住房和城乡建设部、人力资源和社会保障部发布的《职业技能岗位鉴定规范》《中华人民共和国职业分类大典(2015年版)》《建筑工程施工职业技能标准》《建筑装饰装修职业技能标准》《建筑工程安装职业技能标准》等标准要求,以实现全面提高建设领域职工队伍整体素质,加快培养具有熟练操作技能的技术工人,尤其是加快提高建筑业农民工职业技能水平,保证建筑工程质量和安全,促进广大农民工就业为目标,重点抓住建筑工人现场施工操作技能和安全为核心进行编制,"量身订制"打造了一套适合不同文化层次的技术工人和读者需要的技能培训教材。

本套教材系统、全面地介绍了各工种相关专业基础知识、操作技能、安全知识等,同时涵盖了先进、成熟、实用的建筑工程施工技术,还包括了现代新材料、新技术、新工艺和环境、职业健康安全、节能环保等方面的知识,力求做到了技术内容最新、最实用,文字通俗易懂,语言生动简洁,辅以大量直观的图表,非常适合不同层次水平、不同年龄的建筑工人职业技能培训和实际施工操作应用。

丛书共包括了"建筑工程"、"装饰装修工程"、"安装工程"3大系列以及《建筑工人现场施工安全读本》,共25个分册:

一、"建筑工程"系列,包括8个分册,分别是:《砌筑工》《钢筋工》《架子工》《混凝土工》《模板工》《防水工》《木工》和《测量放线工》。

二、"装饰装修工程"系列,包括8个分册,分别是:《抹灰工》《油漆工》《镶贴工》《涂裱工》《装饰装修木工》《幕墙安装工》《幕墙制作工》和《金属工》。

三、"安装工程"系列,包括8个分册,分别是:《通风工》《安装起重工》《安装钳工》《电气设备安装调试工》《管道工》《建筑电工》《中小型建筑机械操作工》和《电焊工》。

本书根据"架子工"工种职业操作技能,结合在建筑工程中实际的应用,针对建筑工程施工材料、机具、施工工艺、质量要求、安全操作技术等做了具体、详细的阐述。本书内容包括建筑施工脚手架的基本知识,脚手架搭设的材料和常用工具,脚手架安全设施的辅件,各种脚手架基本构造及特点,碗扣式钢管脚手架,门式钢管脚手架的基本结构,悬挑式外脚手架基本知识,吊篮脚手架基本知识,爬架构造及类型,脚手架模板支撑架的基本知识,脚手架和模板支撑架的安全管理,落地扣件式钢管外脚手架搭设,落地碗扣式钢管脚手架,落地门式钢管脚手架,悬挑脚手架,吊篮脚手架,爬架,搭设外脚手架用料量估算,模板支撑架,现场安全防护架搭设,架子工岗位安全常识,相关法律法规及务工常识。

本书对于加强建筑工人培训工作,全面提升建筑工人操作技能水平具有很好的应用价值,不仅极大地提高工人操作技能水平和职业安全水平,更对保证建筑工程施工质量,促进建筑安装工程施工新技术、新工艺、新材料的推广与应用都有很好的推动作用。

由于时间限制,以及编者水平有限,本书难免有疏漏之处,欢迎广大读者批评指正,以便本丛书再版时修订。

编　者

2016 年 9 月　北京

China Building Materials Press

我们提供

图书出版、图书广告宣传、企业/个人定向出版、设计业务、企业内刊等外包、
代选代购图书、团体用书、会议、培训，其他深度合作等优质高效服务。

编 辑 部
010-88386119

出版咨询
010-68343948

市场销售
010-68001605

门市销售
010-88386906

邮箱：jccbs-zbs@163.com　　网址：www.jccbs.com

发展出版传媒　　服务经济建设

传播科技进步　　满足社会需求

目 录
CONTENTS

第1部分 架子工岗位基础知识

一、建筑施工脚手架的基本知识

脚手架又称架子,是建筑施工活动中工人进行操作,运送和堆放材料的一种临时设施。搭设脚手架的成品和材料称为"架设材料"或"架设工具"。

1.建筑脚手架的作用

脚手架是建筑施工中一项不可缺少的空中作业工具,结构施工、装修施工以及设备安装都需要根据操作要求搭设脚手架。

脚手架的主要作用如下:

(1)可以使施工作业人员在不同部位进行操作。

(2)能堆放及运输一定数量的建筑材料。

(3)保证施工作业人员在高空操作时的安全。

2.建筑脚手架的分类

(1)按用途划分。

①操作脚手架:为施工操作提供作业条件的脚手架,包括"结构脚手架""装修脚手架"。

②防护用脚手架:只用作安全防护的脚手架,包括各种护栏架和棚架。

③承重、支撑用脚手架:用于材料的运转、存放、支撑以及其他承载用途的脚手架,如承料平台、模板支撑架和安装支撑

架等。

（2）按构架方式划分。

①杆件组合式脚手架：俗称"多立杆式脚手架"，简称"杆组式脚手架"。

②框架组合式脚手架：简称"框组式脚手架"，即由简单的平面框架（如门架）与连接、撑拉杆件组合而成的脚手架，如门式钢管脚手架、梯式钢管脚手架等。

③格构件组合式脚手架：即由桁架梁和格构柱组合而成的脚手架，如桥式脚手架，有提升（降）式和沿齿条爬升（降）式两种。

④台架：具有一定高度和操作平面的平台架，多为定型产品，其本身具有稳定的空间结构。它可单独使用或立拼增高与水平连接扩大，并常带有移动装置。

（3）按设置形式划分。

①单排脚手架：只有一排立杆的脚手架，其横向水平杆的另一端搁置在墙体结构上。

②双排脚手架：具有两排立杆的脚手架。

③多排脚手架：具有三排及三排以上立杆的脚手架。

④满堂脚手架：按施工作业范围满设的、两个方向各有三排以上立杆的脚手架。

⑤满高脚手架：按墙体或施工作业最大高度，由地面起满高度设置的脚手架。

⑥交圈（周边）脚手架：沿建筑物或作业范围周边设置并相互交圈连接的脚手架。

⑦特形脚手架：具有特殊平面和空间造型的脚手架，如用于烟囱、水塔、冷却塔以及其他平面为圆形、环形、"外方内圆"形、多边形和上扩、上缩等特殊形式的建筑施工脚手架。

（4）按脚手架的设置方式划分。

①落地式脚手架：搭设（支座）在地面、楼面、屋面或其他平台结构之上的脚手架。

②悬挑脚手架（简称"挑脚手架"）：采用悬挑方式设置的脚手架。

③附墙悬挂脚手架（简称"挂脚手架"）：在上部或（和）中部挂设于墙体挑挂件上的定型脚手架。

④悬吊脚手架（简称"吊脚手架"）：悬吊于悬挑梁或工程结构之下的脚手架。当采用篮式作业架时，称为"吊篮"。

⑤附着升降脚手架（简称"爬架"）：附着于工程结构、依靠自身提升设备实现升降的悬空脚手架。

⑥水平移动脚手架：带行走装置的脚手架（段）或操作平台架。

（5）按脚手架平、立杆的连接方式分类。

①承插式脚手架：在平杆与立杆之间采用承插连接的脚手架。常见的承插连接方式有插片和楔槽、插片和碗扣、套管和插头以及 U 形托挂等。

②扣件式脚手架：使用扣件箍紧连接的脚手架，即靠拧紧扣件螺栓所产生的摩擦力承担连接作用的脚手架。

此外，还按脚手架的材料划分为竹脚手架、木脚手架、钢管或金属脚手架；按搭设位置划分为外脚手架和里脚手架；按使用对象或场合划分为高层建筑脚手架、烟囱脚手架、水塔脚手架。还有定型与非定型、多功能与单功能之分等。

3. 搭设建筑脚手架的基本要求

无论哪一种脚手架，必须满足以下基本要求：

（1）满足施工的需要。脚手架要有足够的作业面（比如适当的宽度、步架高度、离墙距离等),以保证施工人员操作、材料堆放和运输的需要。

(2)构架稳定、承载可靠、使用安全。脚手架要有足够的承载力、刚度和稳定性,施工期间在规定的天气条件和允许荷载的作用下,脚手架应稳定不倾斜、不摇晃、不倒塌,确保安全。

(3)尽量使用自备和可租赁到的脚手架材料,减少使用自制加工件。

(4)依工程结构情况解决脚手架设置中的穿墙、支撑和拉结要求。

(5)脚手架的构造要简单,便于搭设和拆除,脚手架材料能多次周转使用。

(6)以合理的设计减少材料和人工的耗用,节省脚手架费用。

二、脚手架搭设的材料和常用工具

搭设脚手架的材料有钢管架料及其配件,竹木架料及绑扎绳料。

1. 钢管架料

(1)钢管。

钢管采用直缝电焊钢管或低压流体输送用焊接钢管,有外径 48mm、壁厚 3.5mm 和外径 51mm、壁厚 3.0mm 两种规格。不允许两种规格混合使用。

钢管脚手架的各种杆件应优先采用外径 48mm、厚 3.5mm 的电焊钢管。用于立柱、大横杆和各支撑杆(斜撑、剪刀撑、抛撑等)的钢管最大长度不得超过 6.5m,一般为 4~6.5m,小横杆所用钢管的最大长度不得超过 2.2m,一般为 1.8~2.2m。每根钢管的重量应控制在 25kg 之内。钢管两端面应平整,严禁打孔、开口。

通常对新购进的钢管先进行除锈,钢管内壁刷涂两道防锈漆,外壁刷涂防锈漆一道、面漆两道。对旧钢管的锈蚀检查应每年一次。检查时,在锈蚀严重的钢管中抽取三根,在每根钢管的锈蚀严重部位横向截断取样检查。经检验符合要求的钢管,应进行除锈,并刷涂防锈漆和面漆。

（2）扣件。

目前,我国钢管脚手架中的扣件有可锻铸铁扣件与钢板压制扣件两种。前者质量可靠,应优先采用。采用其他材料制作的扣件,应经试验证明其质量符合规定后方可使用。扣件螺栓采用 Q235A 级钢制作。

扣件基本上有三种形式,见图 1-1。

图 1-1　扣件实物图
(a)直角扣件;(b)旋转扣件;(c)对接扣件

①直角扣件(十字扣件)。用于连接两根垂直相交的杆件,如立杆与大横杆、大横杆与小横杆的连接。靠扣件和钢管之间的摩擦力传递施工荷载。

②旋转扣件(回转扣件)。用于连接两根平行或任意角度相交的钢管的扣件。如斜撑和剪刀撑与立柱、大横杆和小横杆之间的连接。

③对接扣件(一字扣件)。钢管对接接长用的扣件,如立杆、大横杆的接长。

　　脚手架采用的扣件,在螺栓拧紧扭力矩达 65N·m 时,不得发生破坏。

　　对新采购的扣件应进行检验。若不符合要求,应抽样送专业单位进行鉴定。

　　旧扣件在使用前应进行质量检查,有裂缝、变形的严禁使用,出现滑丝的螺栓必须更换。新旧扣件均应进行防锈处理。

　　(3)底座。

　　用于立杆底部的垫座。扣件式钢管脚手架的底座有可锻铸铁制成的定型底座和套管、钢板焊接底座两种,可根据具体情况选用。几何尺寸见图 1-2。

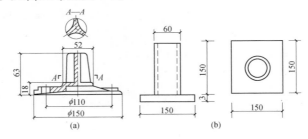

图 1-2　底座(单位:mm)

(a)铸铁底座;(b)焊接底座

　　可锻铸铁制造的标准底座,其材质和加工质量要求同可锻铸铁扣件相同。

　　焊接底座采用 Q235A 钢,焊条应采用 E43 型。

2. 竹木架料

　　(1)木材。

　　木材可用作脚手架的立杆、大小横杆、剪刀撑和脚手板。

　　常用木材为剥皮杉或其他坚韧、质轻的圆木,不得使用柳木、杨木、桦木、椴木、油松等木材,也不得使用易腐朽易折裂的其他木材。

用作立杆时,木料小头有效直径不小于70mm,大头直径不大于180mm,长度不小于6m;用作大横杆时,小头有效直径不小于80mm,长度不小于6m;用作大横杆时,杉杆小头直径不小于90mm,硬木(柞木、水曲柳等)小头直径不小于70mm,长度2.1～2.2m。用作斜撑、剪刀撑和抛撑时,小头直径不小于70mm,长度不小于6m。用作脚手板时,厚度不小于50mm。

搭设脚手架的木材材质应为二等或二等以上。

(2)竹材。

竹杆应选用生长期3年以上的毛竹或楠竹。要求竹杆挺直,质地坚韧。不得使用弯曲不直、青嫩、枯脆、腐朽、虫蛀以及裂缝连通两节以上的竹杆。

有裂缝的竹材,在下列情况下,可用钢丝绑扎加固使用:作立杆时,裂缝不超过3节;作大横杆时,裂缝不超过2节;作小横杆时,裂缝不超过1节。

竹杆有效部分小头直径,用作立杆、大横杆、顶撑、斜撑、剪刀撑、抛撑等不得小于75mm;用作小横杆不得小于90mm;用作搁栅、栏杆不得小于60mm。

承重杆件应选用生长期3年以上的冬竹(农历白露以后至次年谷雨前采伐的竹材)。这种竹材质地坚硬,不易虫蛀、腐朽。

3. 绑扎材料

竹木脚手架的各种杆件一般使用绑扎材料加以连接,木脚手架常用的绑扎材料有镀锌钢丝和钢丝两种。竹脚手架可以采用竹篾、镀锌钢丝、塑料篾等。竹脚手架中所有的绑扎材料均不得重复使用。

（1）镀锌钢丝，俗称铁丝。抗拉强度高、不易锈蚀，是最常用的绑扎材料，常用 8 号和 10 号镀锌钢丝。8 号镀锌钢丝直径 4mm，抗拉强度为 900MPa；10 号镀锌钢丝直径为 3.5mm，抗拉强度为 1000MPa。镀锌钢丝使用时不准用火烧，次品和腐蚀严重的产品不得使用。

（2）钢丝。常采用 8 号回火冷拔钢丝，使用前要经过退火处理（又称火烧丝）。腐蚀严重、表面有裂纹的钢丝不得使用。

（3）竹篾是由毛竹、水竹或慈竹破成。要求篾料质地新鲜、韧性强、抗拉强度高；不得使用发霉、虫蛀、断腰、大节疤等竹篾。竹篾使用前应置于清水中浸泡 12h 以上，使其柔软、不易折断。竹篾的规格见表 1-1。

表 1-1　　　　　　　　　　　　竹篾规格

名称	长度/m	宽度/mm	厚度/mm
毛竹篾水竹、慈片篾	3.5～4.0	20	0.8～1.0
	＞2.5	5～45	0.6～0.8

（4）塑料篾又称纤维编织带。必须采用有生产厂家合格证书和力学性能试验合格数据的产品。

4. 脚手板

脚手板铺设在小横杆上，形成工作平台，以便施工人员工作和临时堆放零星施工材料。它必须满足强度和刚度的要求，保护施工人员的安全，并将施工荷载传递给纵、横水平杆。

常用的脚手板有：冲压钢板脚手板、木脚手板、钢木混合脚手板和竹串片、竹笆板等，施工时可根据各地区的材源就地取材选用。每块脚手板的重量不宜大于 30kg。

（1）冲压钢板脚手板。

冲压钢板脚手板用厚 1.5～2.0mm 钢板冷加工而成，其形式、构造和外形尺寸见图 1-3，板面上冲有梅花形翻边防滑圆孔。钢材应符合国家现行标准《优质碳素结构钢》(GB/T 699—1999)中 Q235A 级钢的规定。

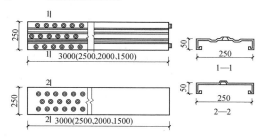

图 1-3　冲压钢脚手板形式与构造(单位:mm)

钢脚手板的连接方式有挂钩式、插孔式和 U 形卡式,见图 1-4。

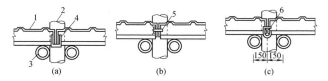

图 1-4　冲压钢板脚手板的连接方式

(a)挂钩式;(b)插孔式;(c)U 形卡式

1—钢脚手板;2—立杆;3—小横杆;4—挂钩;5—插销;6—U 形卡

(2)木脚手板。

木脚手板应采用杉木或松木制作,其材质应符合现行国家标准的规定。脚手板厚度不应小于 50mm,板宽为 200～250mm,板长 3～6m。在板两端往内 80mm 处,用 10 号镀锌钢丝加两道紧箍,防止板端劈裂。

(3)竹串片脚手板。

采用螺栓穿过并列的竹片拧紧而成。螺栓直径 8～10mm,

间距 500～600mm；竹片宽 50mm；竹串片脚手板长 2～3m，宽 0.25～0.3m，见图 1-5。

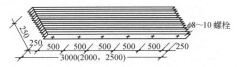

图 1-5　竹串片脚手板(单位:mm)

（4）竹笆板。

这种脚手板用竹筋作横挡，穿编竹片，竹片与竹筋相交处用钢丝扎牢。竹笆板长 1.5～2.5m，宽 0.8～1.2m，见图 1-6。

（5）钢竹脚手板。

这种脚手板用钢管作直挡，钢筋作横挡，焊成爬梯式，在横挡间穿编竹片。见图 1-7。

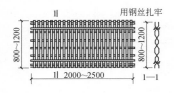

图 1-6　竹笆板(单位:mm)

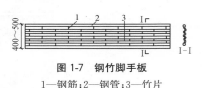

图 1-7　钢竹脚手板

1—钢筋；2—钢管；3—竹片

5.脚手架搭设工具

（1）铁钎。用于搭拆脚手架时拧紧钢丝。手柄上带槽孔和栓孔的铁钎，还可以用来拔钉子及螺栓，见图 1-8。

图 1-8　手柄上带有槽孔和栓孔的钎子

（2）扳手。包括固定扳手、活动扳手、棘轮扳手等。用于搭设扣件式钢管脚手架时拧紧螺栓。

（3）钢丝钳、钢丝剪、斩斧。用于拧紧、剪断铁丝和钢丝。

（4）榔头。用于搭设碗扣式钢管脚手架时敲拆碗扣。

（5）篾刀。用于搭设竹木脚手架时劈竹破篾。

（6）撬杠。用于搭设竹木脚手架时拨、撬竹木杆，见图1-9。

（a）　　　　　　　　　　（b）

图1-9　撬杠

（a）鸭嘴形撬杠；（b）虎牙形撬杠

（7）洛阳铲。用于木脚手架挖立柱坑。

三、脚手架安全设施的辅件

脚手架除去主体的承重结构之外，为了满足施工的具体要求尚需很多辅助配件。这些辅件多数具有保证安全使用的技术要求，有些辅件是保证安全施工的配件，因而要符合安全技术条件。由于以上原因脚手架的辅件在脚手架的设计和使用中有着相当重要的作用。施工人员应当掌握其特点及应用条件，以解决现场施工中的实际问题。

1. 脚手板

脚手板是脚手架搭设中的基本辅件，因为脚手架本身是杆件结构，不能构成操作台。一般是依靠脚手板的搭设而形成操作台。脚手板用作操作台，是承受施工荷载的受弯构件，因而最重要的要满足承载能力的要求。

应用最广泛的脚手板是木脚手板，一般采用松木板，厚度

50mm,宽度应为 230～250mm。这是由于脚手板除能承受 $3kN/m^2$ 的均布荷载外,还能承受双轮车的集中荷载 100kg。脚手板一般是搭设于排木之上,主要承受弯曲应力。其承载能力的确定除荷载之外,还有其跨度。支撑脚手板的排木间距以不大于 2m 为宜。脚手板的过大挠度,不利于安全使用。

　　除了木脚手板之外,尚有薄钢板制作的多孔型脚手板、竹片编制的竹拍子以及其他专用的脚手板(图 1-10),根据施工的具体情况予以选用。

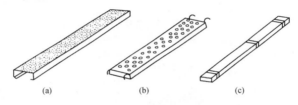

(a)　　　　　　　(b)　　　　　　(c)

图 1-10　脚手板

(a)钢脚手板;(b)专用脚手板;(c)木脚手板

2. 安全网

　　作为安全"三宝"之一的安全网常作为保证脚手架安全的主要设施。安全网的主要功能是高空作业人员坠落时的承接与保护物,因而要有足够强度,并应柔软且有一定弹性,以确保坠落人员不受伤害。最早的安全网是由麻绳制作,四周为主绳,中间为网绳,网眼的孔径稍大。为了能使安全网处于展开状况,一般需用杉篙或钢管作为支撑杆,形成防护网。

　　现以最普通的建筑物周围的防护网为例,说明其搭设和应用方法(图 1-11)。防护网由支杆与安全网构成,支杆下端支撑在建筑物上并可以旋转,支杆上端扣接安全网一端,安全网的另一端固定在建筑物上。操作时将立杆立在建筑物旁,安全网固定好之后利用支杆自重放下成倾斜状态并将安全网展开。为了保证支杆上端之间的距离,支杆两端都可采用钢管固定。当作为整体建筑安全网时,此端部纵向连杆可采用钢丝绳,但为了使钢丝绳保持绷紧状态,在建筑物四角要设抱角架。抱角架的结构除要能与建筑物连接之外,还要使架子工能够操作。

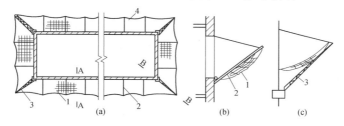

图 1-11　防护网整体构造

(a)安全网平面;(b)A—A 剖面;(c)B—B 剖面

1—安全网;2—支杆;3—抱角架;4—钢丝绳

为了提高安全网的耐久性,现在安全网已多由尼龙绳制作。国家标准《安全网》(GB 5725—2009)对安全网的各项技术要求及试验检测方法作了具体规定。

关于安全网设置的要求,可按照各地区脚手架的操作规程予以确定。

随着高层建筑高度的不断增加,挂设安全网的难度也愈来愈大。这是由于安全网采用自底往上多层(每层相距 10m)悬挂式。为了减少挂安全网的工作,增加操作安全,多采用全封闭的密目安全网。此种安全网采用尼龙丝编制,孔径很小,因而不仅可以防止人员坠落而且可以防止物体坠落。这种安全网一般是附着于脚手架的外面,因而不需要承受很大冲击力。

3. 爬梯和马道

为了满足人员上下以及搬运建材及工具的需要,脚手架时常要附带搭设爬梯或马道。在木脚手架中时常采用斜脚手板上钉防滑条的方式形成爬梯,但在钢管脚手架中使用定型的爬梯件似乎更为合理,见图 1-12。

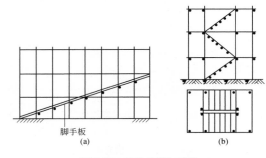

脚手板
(a)

(b)

图 1-12 斜坡马道与爬梯

(a)斜坡马道;(b)爬梯

4. 承料平台

配合高层现浇结构的施工,一般要装设承料平台,用于堆放钢模及支撑杆等。承料平台一般采用钢制,采用钢丝绳作为斜拉杆,支撑于楼板或立柱上,见图 1-13。

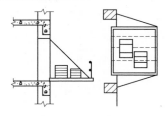

图 1-13 承料平台

5.连墙杆

脚手架与建筑物相接的连墙杆是极为重要的安全保证构件，它是保证单排及双排脚手架侧向稳定和确定立杆计算长度的构件。连墙杆与建筑物连接的好坏直接影响到脚手架的承载力，因为脚手架主要受力构件的立杆作为细长受压构件，其承载能力决定于其细长比，也就是连墙杆之间的距离。如果连墙杆不够牢固，则其细长比将会加大而降低承载力。

连墙杆在建筑物上有预留口（砖混结构）或预留孔处，可采用 φ48mm 钢管与扣件扣接而成。当建筑物为钢筋混凝土结构无预留口或预留孔时，可在混凝土中放置预埋件，形成连墙杆，见图 1-14。

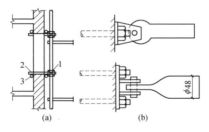

图 1-14　连墙杆
(a)窗口拉结件；(b)预埋件拉结杆
1—扣件；2—小横杆；3—横杆

连墙杆的预埋件应便于固定在模板上并与结构可靠的连接；连墙杆与预埋件的连接既要足够牢固又应有一定的活动余量，以满足与脚手架杆件的连接。根据这种要求，对于专门的脚手架体系（例如碗扣架、门形架）设计有专用的连墙杆和埋件。

连墙杆的预埋件应按照脚手架搭设方案预埋，其位置应与脚手架的结构相协调,否则可能造成预埋件无法使用。

6.室内装修用的高凳

室内装修工程为了满足操作工人作业的需要,时常要在高凳上搭脚手板作为简易的脚手架。采用可伸缩的钢制高凳作支架可多次周转使用,是理想的施工用具,其构造见图1-15。

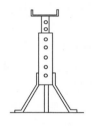

图 1-15　伸缩式高凳

四、各种脚手架基本构造及特点

1.扣件式钢管脚手架的特点

由钢管、扣件组成的扣件式钢管脚手架(以下简称"扣件式脚手架")具有以下特点:

(1)承载力大。当脚手架的几何尺寸在常见范围、构造符合要求时,落地式脚手架立杆承载力在15~20kN(设计值)之间,满堂架立杆承载力可达30kN(设计值)。

(2)装、拆方便,搭设灵活,使用广泛。由于钢管长度易于调整,扣件连接简便,因而可适应各种平面和立面的建筑物、构筑物施工需要。

(3)比较经济。与其他脚手架相比,杆件加工简单,一次投资费用较低,如果精心设计脚手架几何尺寸,注意提高钢管周转使用率,则可取得较好经济效果。

(4)脚手架中的扣件用量较大,如果管理不善,扣件易损坏、丢失,应对扣件式脚手架的构配件使用、存放和维护加强科学化管理。

2.扣件式钢管脚手架的适用范围

扣件式脚手架在我国的应用历史近 40 余年,积累了丰富的使用经验,是应用最为普遍的一种脚手架,其适宜应用范围如下:

(1)工业与民用建筑施工用落地式单、双排脚手架,以及底撑式分段悬挑脚手架。

(2)水平混凝土结构工程施工中的模板支承架。

(3)上料平台、满堂脚手架。

(4)高耸构筑物,如烟囱、水塔等施工用脚手架。

(5)栈桥、码头、高架路、桥等工程用脚手架。

(6)为了确保脚手架的安全可靠,《建筑施工扣件式钢管脚手架安全技术规范》(JGJ 130—2011)规定,单排脚手架不适用于下列情况:

①墙体厚度不大于 180mm。

②建筑物高度超过 24m。

③空斗砖墙、加气块墙等轻质墙体。

④砌筑砂浆强度等级不大于 M1.0 的砖墙。

3.扣件式脚手架适宜的搭设高度

(1)单管立杆扣件式双排脚手架的搭设高度不宜超过 50m。根据对国内脚手架的使用调查,立杆采用单根钢管的落地式脚手架一般均在 50m 以下,当需要搭设高度超过 50m 时,一般都比较慎重地采用了加强措施,如采用双管立杆、分段卸荷、分段悬挑等等。从经济方面考虑,搭设高度超过 50m 时,钢管、扣件等的周转使用率降低,脚手架的地基基础处理费用也会增加,导致脚手架成本上升。

(2)分段悬挑脚手架。由于分段悬挑脚手架一般都支承在由建筑物挑出的悬臂梁或三角架上,如果每段悬挑脚手架过高时,将过多增加建筑物的负担,或使挑出结构过于复杂,故分段悬挑脚手架每段高度不宜超过 25m。高层建筑施工分段搭设的悬挑脚手架必须有设计计算书,悬挑梁或悬挑架应为型钢或定型桁架,应绘有经设计计算的施工图,设计计算书要经上级审批,悬挑梁应按施工图搭设,悬挑脚手架见图 1-16。安装时必须按设计要求进行。悬挑梁搭设和挑梁的间距是悬挑式脚手架的关键问题之一。当脚手架上荷载较大时,间距小,反之则大,设计图纸应明确规定。挑梁架设的结构部位,应能承受较大的水平力和垂直力的作用。若根据施工需要只能设置在结构的薄弱部位时,应加固结构,采取可靠措施将荷载传递给结构的坚固部位。

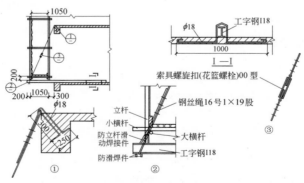

图 1-16　悬挑脚手架实例示意图(单位:mm)

4. 扣件式脚手架的基本要求

扣件式脚手架是由立杆和纵、横向水平杆用扣件连接组成的钢构架。常见的落地式双排脚手架,其横向尺寸(横距)远小于其纵向长度和高度,这种高度与宽度很大、厚度很小的构架如不在横向(垂直于墙面方向)设置连墙件,它是不可能可靠地传递其自重、施工荷载和水平荷载的,对这一连墙的钢构架其结构体系可归属于在竖向、水平向具有多点支承的"空间框架"或"格构式平板"。为使扣件式脚手架在使用期间满足安全可靠和使用要求,即脚手架既要有足够承载能力,又要具有良好的刚度(使用期间,脚手架的整体或局部不产生影响正常施工的变形或晃动),故其组成应满足以下要求:

(1)必须设置纵、横向水平杆和立杆,三杆交汇处用直角扣件相互连接,并应尽量紧靠,此三杆紧靠的扣接点称为扣件式脚手架的主节点。

(2)扣件螺栓拧紧扭力矩应在 $40\sim65N·m$ 之间,以保证脚手架的节点具有必要的刚性和承受荷载的能力。

(3)在脚手架和建筑物之间,必须按设计计算要求设置足够数量、分布均匀的连墙件,此连墙件应能起到约束脚手架在横向(垂直于建筑物墙面方向)产生变形的作用,以防止脚手架横向失稳或倾覆,并可靠地传递风荷载。

(4)脚手架立杆基础必须坚实,并具有足够承载能力,以防止不均匀或过大的沉降。

(5)应设置纵向剪刀撑和横向斜撑,以使脚手架具有足够的纵向和横向整体刚度。

5. 扣件式钢管脚手架的主要组成及作用

扣件式脚手架的的主要构配件及作用见表 1-2。

表 1-2　　　　　　　扣件式脚手架的主要组成构件及作用

项次	名称	作用
1	立杆	平行于建筑物并垂直于地面的杆件,既是组成脚手架结构的主要杆件,又是传递脚手架结构自重、施工荷载与风荷载的主要受力杆件
2	纵向水平杆	平行于建筑物,在纵向连接各立杆的通长水平杆,既是组成脚手架结构的主要杆件,又是传递施工荷载给立杆的主要受力杆件
3	横向水平杆	垂直于建筑物,横向连接脚手架内、外排立杆或一端连接脚手架立杆,另一端支于建筑物的水平杆,是组成脚手架结构的主要杆件,也是传递施工荷载给立杆的主要受力杆件
4	扣件	是组成脚手架结构的连接件
	直角扣件	连接两根直交钢管的扣件,是依靠扣件与钢管表面间的摩擦力传递施工荷载、风荷载的受力连接件
	对接扣件	钢管对接接长用的扣件,也是传递荷载的受力连接件
	旋转扣件	连接两根任意角度相交的钢管扣件,用于连接支撑斜杆与立杆或横向水平杆的连接件
5	脚手板	提供施工操作条件,承受、传递施工荷载给纵、横向水平杆的板件;当设于非操作层时起安全防护作用
6	剪刀撑	设在脚手架外侧面、与墙面平行的十字交叉斜杆,可增强脚手架的横向刚度,提高脚手架的承载能力
7	横向斜撑	连接脚手架内、外排立杆的,呈"之"字形的斜杆,可增强脚手架的横向刚度,提高脚手架的承载能力
8	连墙件	连接脚手架与建筑物的部件,是脚手架中既要承受、传递风荷载,又要防止脚手架在横向失稳或倾覆的重要受力部件
9	纵向扫地杆	连接立杆下端,距底座下皮 200mm 处的纵向水平杆,可约束立杆底端在纵向发生位移
10	横向扫地杆	连接立杆下端,位于纵向扫地杆下方的横向水平杆,可约束立杆底端在横向发生位移
11	底座	设在立杆下端,承受并传递立杆荷载给地基的配件

五、碗扣式钢管脚手架

1. 碗扣式钢管脚手架的基本结构及特点

碗扣式钢管脚手架主要杆件是 ϕ48mm 钢管,钢管的连接点采用"碗扣"。碗扣由上下碗扣构成,下碗扣焊接在立管上,上碗扣套在立管上。水平杆两端焊有"插头",该插头插入下碗扣,然后上碗扣利用立杆上焊的"锁销"旋紧而扣住横杆插头,见图1-17。

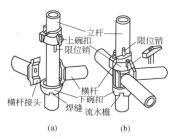

（a）　　　　（b）

图 1-17　碗扣架节点
(a)连接前；(b)连接后

碗扣式钢管脚手架与扣件式钢管脚手架的区别是脚手架全部需要加工。除横杆两端要焊插头外,立杆上还需焊接下碗扣及锁销。这样带来的结果是横杆与立杆的间距变成固定的,没有钢管架的灵活性好,同时也提高了成本。

从受力性能方面讲,由于采用了中心线连接,因而大大提高了承载能力。其次是承受横杆垂直力的下碗扣与立杆采用焊接,因而改善了节点的受力性能(扣件式脚手架主要依靠扣件握紧时的摩擦力——极限承载力,约 8kN),使其达到安全可靠的程度。

从安装操作上讲,碗扣式钢管脚手架较扣件式钢管脚手架方便,只需用小锤楔紧上碗扣即可。同时在保管上减少了扣件丢失,降低了应用的成本。

2. 碗扣式钢管脚手架的性能特点

(1)多功能。

能根据具体施工要求,组成不同组架尺寸、形状和承载能力的单、双排脚手架,支撑架,支撑柱,物料提升架,爬升脚手架,悬挑架等。也可用于搭设施工棚、料棚、灯塔等构筑物。特别适合于搭设曲面脚手架和重载支撑架。

(2)高功效。

该脚手架常用杆件中最长为3130mm,重17.07kg。整架拼拆速度比常规快3～5倍,拼拆快速省力,工人用一把铁锤即可完成全部作业,避免了螺栓操作带来的诸多不便。

(3)通用性强。

主构件均采用普通的扣件式钢管脚手架的钢管,可用扣件同普通钢管连接,通用性强。

(4)承载力大。

立杆连接是同轴心承插,横杆同立杆靠碗扣接头连接,接头具有可靠的抗弯、抗剪、抗扭力学性能,而且各杆件轴心线交于一点,节点在框架平面内,因此,结构稳固可靠、承载力大。

(5)安全可靠。

接头设计时,考虑到上碗扣螺旋摩擦力和自重力作用,使接头具有可靠的自锁能力。作用于横杆上的荷载通过下碗扣传递给立杆,下碗扣具有很强的抗剪能力(最大为199kN),上碗扣即使没被压紧,横杆接头也不致脱出而造成事故。同时配备有安全网支架、间横杆、脚手板、挡脚板、架梯、挑梁,连墙撑等杆配件,使用安全可靠。

（6）易于加工。

主构件用 $\phi 48 \times 3.5$、Q235 焊接钢管,制造工艺简单,成本适中,可直接对现有扣件式脚手架进行加工改造,不需要复杂的加工设备。

（7）不易丢失。

该脚手架无零散易丢失扣件,把构件丢失减少到最低程度。

（8）维修少。

该脚手架构件消除了螺栓连接,构件经碰耐磕,一般锈蚀不影响拼拆作业,不需特殊养护、维修。

（9）便于管理。

构件系列标准化,构件外表涂以橘黄色,美观大方,构件堆放整齐,便于现场材料管理,满足文明施工要求。

（10）易于运输。

该脚手架最长构件 3130mm,最重构件 40.53kg,便于搬运和运输。

3. 碗扣式钢管脚手架的杆配件规格

碗扣式钢管脚手架的原设计杆配件,共计有 23 类,53 种规格。按用途可分为主构件、辅助构件和专用构件三类,见表 1-3。

表 1-3 碗扣式钢管脚手架杆配件规格及用途

类别	名称		型号	规格/mm	单重/kg	用途
主构件	立 杆		LG-180	$\phi48\times3.5\times1300$	10.53	框架垂直承力杆
			LG-300	$\phi48\times3.5\times3000$		
	顶 杆		DG-90	$\phi48\times3.5\times900$	5.30	支撑架（柱）顶端垂直承力杆
			DG-150	$\phi48\times3.5\times1500$	8.62	
			DG-210	$\phi48\times3.5\times2100$	11.93	
	横 杆		HG-30	$\phi48\times3.5\times300$	1.67	立杆横向连接杆；框架水平承力杆
			HG-60	$\phi48\times3.5\times600$	2.82	
			HG-90	$\phi48\times3.5\times900$	3.97	
			HG-120	$\phi48\times3.5\times1200$	5.12	
			HG-150	$\phi48\times3.5\times1500$	6.82	
			HG-180	$\phi48\times3.5\times1800$	7.43	
			HG-240	$\phi48\times3.5\times2400$	9.73	
	单排横杆		DHG-140	$\phi48\times3.5\times1400$	7.51	单排脚手架横向水平杆
			DHG-180	$\phi48\times3.5\times1800$	9.05	
	斜 杆		XG-170	$\phi48\times2.2\times1697$	5.47	1.2m×1.2m框架斜撑
			XG-216	$\phi48\times2.2\times2160$	6.63	1.2m×1.8m框架斜撑
			XG-234	$\phi48\times2.2\times2343$	7.07	1.5m×1.8m框架斜撑
			XG-255	$\phi48\times2.2\times2546$	7.58	1.8m×1.8m框架斜撑
			XG-300	$\phi48\times2.2\times3000$	8.72	1.8m×2.4m框架斜撑
	立杆底座	立杆底座	LDI	$150\times150\times180$	1.70	立杆底部垫板
		立杆可调座	KTZ-30	0-300	6.16	立杆底部可调节高度支座
			XTZ-60	0-600	7.86	
		粗细调座	CXZ-60	0-600	6.10	立杆底部有粗细调座可调高度支座

续表

类别		名称		型号	规格/mm	单重/kg	用途
辅助构件	作业面辅助构件	间横杆		JHG-120	$\phi48\times3.5\times1200$	6.43	水平框架之间连在两横杆间的横杆
				JGH-120+30	$\phi48\times3.5$（1200+300）	7.74	同上，有0.3m挑梁
				JHG-120+60	$\phi48\times3.5$（3200+600）	9.96	同上，有0.6m挑梁
		脚手板		JB-120	1200×270	9.05	用于施工作业层面的台板
				JB-150	1500×270	11.15	
				JB-180	1800×270	13.24	
				JB-240	2400×270	17.03	
		斜道板		XB-190	1897×540	28.24	用于搭设栈桥或斜道的铺板
		挡板		DB-120	1200×220	7.18	施工作业层防护板
				DB-150	1600×220	8.93	
				DB-180	1800×220	10.68	
		横梁	窄挑梁	TL-30	$\phi48\times3.5\times300$	1.68	用于扩大作业面的挑梁
			宽挑梁	TL-60	$\phi48\times3.5\times600$	9.30	
	用于连接的构件	架梯		JT-255	2546×540	26.32	人员上、下梯子
		立杆连接钢		LLX	$\phi10$	0.104	立杆之间连接锁定用
		直角撑		ZJC	125	1.62	两相交叉的脚手架之间的连接件
		连接撑	转扣式	WLC	415-625	2.04	脚手架同建筑物之间连接件
			扣件式	RLC	415-625	2.00	
		高层卸荷拉结杆		GLC			高层脚手架卸荷用杆件

续表

类别	名称		型号	规格/mm	单重/kg	用途
辅助构件	其他用途辅助构件	立杆托撑 — 立杆托撑	LTC	200×150×5	2.39	支撑架顶部托梁座
		立杆托撑 — 立杆可调托撑	KTC-60	0-600	8.49	支撑架顶部可调托梁座
		横托带 — 横托撑	HTC	400	3.13	支撑架横向支托撑
		横托带 — 可调横托撑	KHC-20	400～700	6.23	支撑梁横向可调支托撑
		安全网支架	AWJ		18.69	悬挂安全网支承架
专用构件	专用构件支撑柱	支撑柱垫座	ZDZ	300×300	19.12	支撑柱底部垫座
		支撑柱转角座	ZZZ	0°～10°	21.54	支撑柱斜向支承垫座
		支撑柱可调座	ZKZ-30	0～300	40.53	支撑柱可调高度支座
	提升滑轮		THL		1.55	插入宽挑梁提升小件物料
	悬挑梁		TYL-40	φ48×3.5×1400	19.25	用于搭设悬挂脚手架
	爬升挑梁		PTL-90＋65	φ48×3.5×1500	8.7	用于搭设爬升脚手架

4. 碗扣式钢管脚手架的构件

碗扣式钢管脚手架的构件简图见表 1-4。

表 1-4　　　　　　碗扣式钢管脚手架的构件简图及型号

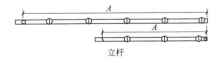

立杆

型　　号	A/mm	单重/kg
LG-300	3000	17.07
LG-180	1800	10.53

续表

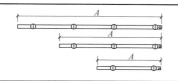

型　号	A/mm	单重/kg
DG-210	2100	11.93
DG-150	1500	8.62
DG-90	900	5.30

梯子

型　号	A/mm	B/mm	单重/kg
JT-255	1800	1800	26.32

横杆

型　号	A/mm	单重/kg
HG-240	2400	9.73
HG-180	1800	7.43
HG-150	1500	6.28
HG-120	1200	5.12
HG-90	900	3.97
HG-60	600	2.82
HG-30	300	1.67

型　号	A/mm	B/mm	单重/kg
JHG-120＋60	1854	1200	9.69
JHG-120＋30	1527	1200	7.74
JHG-120	1200		6.43

单排横杆

型　号	A/mm	单重/kg
DHG-140	1400	7.51
DHG-180	1800	9.05

脚手板

型　号	A/mm	B/mm	单重/kg
XB-190	1897	540	28.42

横杆

型　号	A/mm	单重/kg
XG-300	3000	8.70
XG-255	2546	7.58
XG-234	2343	

爬升挑梁

续表

XG-216	2163	6.63	型　号	A/mm	单重/kg
XG-170	1697	5.47			

连墙撑（混凝土墙固定用）

连墙撑（混凝土墙固定用）

脚手板

型　号	A/mm	单重/kg	型　号	A/mm	单重/kg
			JB-240	2400	17.03
LC(砖墙用)	415～625	4.4	JB-180	1800	13.24
			JB-150	1500	
LC(混凝土墙用)	415～625	2.4	JB-120	200	9.05

型　号	A/mm	单重/kg	型　号	A/mm	单重/kg	型　号	A/mm	单重/kg
AWJ	2300	18.69	GLG	2100	2127	TYJ-150	900	19.25

六、门式钢管脚手架的基本结构

1. 门式钢管脚手架的构成

门式钢管脚手架由门式框架（门架）、交叉支撑（十字拉杆）和水平架（平行架、平架）或脚手板构成基本单元，见图1-19。

门架是门式钢管脚手架的主要构件，由立杆、横杆及加强杆焊接而成。

交叉支撑是每两榀门架纵向连接的交叉拉杆。

水平架是在脚手架非作业层上替代脚手板而挂扣在门架横杆上的水平框架。

脚手板是挂扣在门架横杆上的专用脚手板。

将基本单元相互连接起来并增加梯子、栏杆等部件构成整片脚手架,见图1-19。

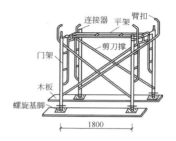

图1-18 门式脚手架基本组合单元
(单位:mm)

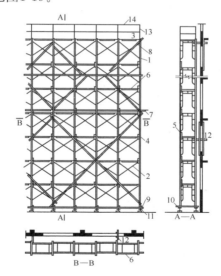

图1-19 门式脚手架的组成

1—门架;2—交叉支撑;3—挂扣式脚手板;4—连接撑;
5—锁臂;6—水平架;7—水平加固杆;8—剪刀撑;
9—扫地杆;10—封口杆;11—可调底座;12—连墙杆;
13—栏杆柱;14—栏杆扶手

2. 门式钢管脚手架的部件

门式钢管脚手架的部件大致分为三类。

(1)基本单元部件(主要部件)。

包括门架、交叉支撑和水平架等,见图 1-20。

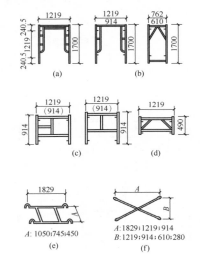

图 1-20　基本单元部件(单位:mm)
(a)标准门架;(b)简易门架;(c)轻型梯形门架;
(d)接高门架;(e)水平架;(f)交叉支撑

门架是门式脚手架的主要部件,有多种不同形式。标准型是最常用的形式,主要用于构成脚手架的基本单元,一般常用的标准型门架的宽度为 1.2m,高度有 1.9m 和 1.7m。门架的重量,当使用高强薄壁钢管时为 13～16kg;使用普通钢管时为 20～25kg。梯形框架(梯架)可以承受较大的荷载,多用于模板支撑架、活动操作平台和砌筑里脚手架,架子的梯步可供操作人员上下平台之用;简易门架的宽度较窄,用于窄脚手板;还有一种调节架,用于调节作业层高度,以适应层高变化时的需要。

门架之间的连接,在垂直方向使用连接棒和锁臂,在脚手架纵向使用交叉支撑,在架顶水平面使用水平架或脚手板。交叉支撑和水平架的规格根据门架的间距来选择,一般多采用1.8m。

(2)底座和托座。

底座有三种:可调底座可调高200～550mm,主要用于支模架以适应不同支模高度的需要,脱模时可方便地将架子降下来。用于外脚手架时,能适应不平的地面,可用其将各门架顶部调节到同一水平面上。简易底座只起支承作用,无调高功能,使用它时要求地面平整。带脚轮底座多用于操作平台,以满足移动的需要。

托座有平板和U形两种,置于门架竖杆的上端,多带有丝杠以调节高度,主要用于支模架。

底座和托座见图1-21。

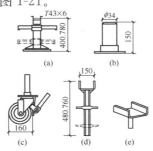

图 1-21　底座和托座(单位:mm)

(a)可调底座;(b)简易底座;(c)脚轮;

(d)可调 U 形顶托;(e)简易 U 形托

（3）其他部件。

其他部件有脚手板、梯子、扣墙器、栏杆、连接棒、锁臂和脚手板托架等，见图1-22。

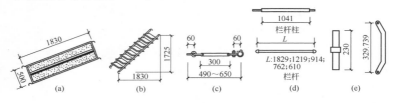

图1-22　其他部件(单位:mm)

(a)钢脚手板;(b)梯子;(c)扣墙管;(d)栏杆和栏杆柱;(e)连接棒和锁臂

①脚手板一般为钢脚手板，其两端带有挂扣，搁置在门架的横梁上并扣紧。在这种脚手架中，脚手板还是加强脚手架水平刚度的主要构件，脚手架应每隔3～5层设置一层脚手板。

②梯子为设有踏步的斜梯，分别扣挂在上下两层门架的横梁上。

③扣墙器和扣墙管都是确保脚手架整体稳定的拉结件。扣墙器为花篮螺栓构造，一端带有扣件与门架竖管扣紧，另一端有螺杆锚入墙中，旋紧花篮螺栓，即可把扣墙器拉紧;扣墙管为管式构造，一端的扣环与门架拉紧，另一端为埋墙螺栓或夹墙螺栓，锚入或夹紧墙壁。

④托架分定长臂和伸缩臂两种形式，可伸出宽度0.5～1.0m，以适应脚手架距墙面较远时的需要。

⑤小桁架(栈桥梁)用来构成通道。

⑥连接扣件分三种类型:回转扣、直角扣和筒扣。每一种类型又有不同规格，以适应相同管径或不同管径杆件之间的连接，见表1-5。

表 1-5　　　　　　　　　　　　　扣件规格

类型	回转扣			直角扣			筒扣	
规格	ZK—4343	ZK—4843	ZK—4848	JK—4343	JK—4843	JK—4848	TK—4343	TK—4848
扣径/mm　D_1	43	48	48	43	48	48	43	48
D_2	43	43	48	43	43	48	43	48

七、悬挑式外脚手架基本知识

1. 悬挑脚手架的应用要求

悬挑式外脚手架一般应用在建筑施工中以下三种情况：

（1）±0.000 以下结构工程回填土不能及时回填，而主体结构工程必须立即进行，否则将影响工期。

（2）高层建筑主体结构四周为裙房，脚手架不能直接支承在地面上。

（3）超高层建筑施工，脚手架搭设高度超过了架子的容许搭设高度，因此将整个脚手架按容许搭设高度分成若干段，每段脚手架支承在由建筑结构向外悬挑的结构上。

2. 悬挑外脚手架的分类及特点

（1）悬挑式脚手架的分类。

悬挑式脚手架根据悬挑支承结构的不同，分为支撑杆式悬挑脚手架和挑梁式悬挑脚手架两类。

（2）支撑杆式悬挑脚手架。

支撑杆式悬挑脚手架的支承结构不采用悬挑梁（架），直接用脚手架杆件搭设。

①支撑杆式双排脚手架。支撑杆式挑脚手架见图 1-23（a），

其支承结构为内、外两排立杆上加设斜撑杆,斜撑杆一般采用双钢管,而水平横杆加长后一端与预埋在建筑物结构中的铁环焊牢,这样脚手架的荷载通过斜杆和水平横杆传递到建筑物上。

悬挑脚手架见图 1-23(b),其支承结构是采用下撑上拉方法,在脚手架的内、外两排立杆上分别加设斜撑杆。斜撑杆的下端支在建筑结构的梁或楼板上,并且内排立杆的斜撑杆的支点比外排立杆斜撑杆的支点高一层楼。斜撑杆上端用双扣件与脚手架的立杆连接。

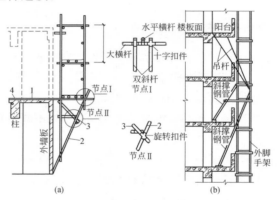

图 1-23 支撑杆式双排挑脚手架

(a)支撑杆式悬挑脚手架;(b)悬挑脚手架

1—水平横杆;2—双斜撑杆;3—加强短杆;4—预埋铁环

此外,除了斜撑杆,还设置了拉杆,以增强脚手架的承载能力。

支撑杆式悬挑脚手架搭设高度一般在 4 层楼高 12m 左右。

②支撑杆式单排悬挑脚手架。支撑杆式单排悬挑脚手架见图 1-24(a),其支承结构为从窗门挑出横杆,斜撑杆支撑在下一层的窗台上。如无窗台,则可先在墙上留洞或预埋支托铁件,以

支承斜撑杆。

支撑杆式挑脚手架见图 1-24(b),其支承结构是从同一窗口挑出横杆和伸出斜撑杆,斜撑杆的一端支撑在楼面上。

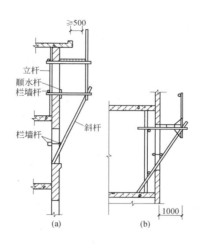

图 1-24 支撑杆式单排挑脚手架(单位:mm)

(a)支撑杆式单排悬挑脚手架;(b)支撑杆式挑脚手架

(3)挑梁式悬挑脚手架。

挑梁式悬挑脚手架采用固定在建筑物结构上的悬挑梁(架),并以此为支座搭设脚手架,一般为双排脚手架。此种类型脚手架搭设高度一般控制在 6 个楼层(20m)以内,可同时进行 2~3 层作业,是目前较常用的脚手架形式。其支撑结构有下撑挑梁式、桁架挑梁式挑脚手架和斜拉挑梁式三种。

①下撑挑梁式。在主体结构上预埋型钢挑梁,并在挑梁的外端加焊斜撑压杆组成挑架。各根挑梁之间的间距不大于 6m,并用两根型钢纵梁相连,然后在纵梁上搭设扣件式钢管脚手架,

见图 1-25。

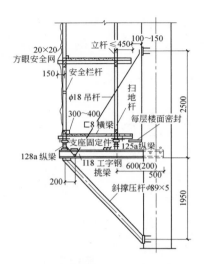

图 1-25　下撑挑梁式挑脚手架(单位:mm)

②桁架挑梁式。与下撑挑梁式基本相同,用型钢制作的桁架代替了挑架,见图 1-26,这种支撑形式承载能力较强,下挑梁的间距可达 9m。

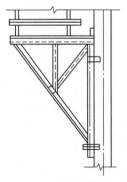

图 1-26　桁架挑梁式挑脚手架

③斜拉挑梁式。挑梁式悬挑脚手架见图 1-27,以型钢作挑梁,其端头用钢丝绳(或钢筋)作拉杆斜拉。

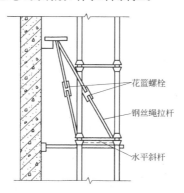

图 1-27 斜拉挑梁式悬挑脚手架

八、吊篮脚手架基本知识

1. 吊篮脚手架的特点

吊篮脚手架是通过在建筑物上特设的支承点固定挑梁或挑架,利用吊索悬挂吊架或吊篮进行砌筑或装饰工程施工的一种脚手架,是高层建筑外装修和维修作业的常用脚手架。

吊篮脚手架分手动吊篮脚手架和电动吊篮脚手架两类。

吊篮脚手架特点:节约材料,节省劳力,缩短工期,操作方便灵活,技术经济效益较好。

2. 手动吊篮脚手架的构造

手动吊篮脚手架由支承设施、吊篮绳、安全绳、手扳葫芦和吊架(或吊篮)组成(图 1-28),利用手扳葫芦进行升降。

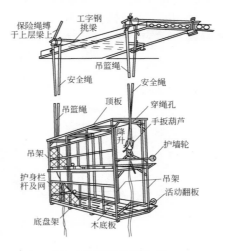

图 1-28　手动吊篮脚手架

（1）支承设施。

一般采用建筑物顶部的悬挑梁或桁架，必须按设计规定与建筑结构固定牢靠，挑出的长度应保证吊篮绳垂直地面，见图1-29（a），如挑出过长，应在其下面加斜撑，见图1-29（b）。

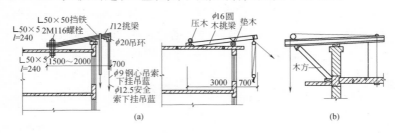

图 1-29　支承设施

吊篮绳可采用钢丝绳或钢筋链杆。钢筋链杆的直径不小于16mm，每节链杆长 800mm，每 5～10 根链杆相互连成一组，使用时用卡环将各组连接成所需的长度。

安全绳应采用直径不小于 13mm 的钢丝绳。

(2)吊篮、吊架。

①组合吊篮见图 1-31，一般采用 ϕ48 钢管焊接成吊篮片，再把吊篮片(图 1-30 中是四片)用 ϕ48 钢管扣接成吊篮，吊篮片间距为 2.0～2.5m，吊篮长不宜超过8.0m，以免重量过大。

图 1-31 是双层、三层吊篮片的形式。

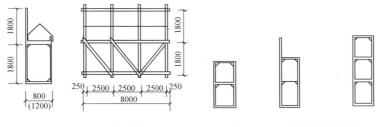

图 1-30　组合吊篮　　　　　图 1-31　组合吊篮的吊篮片

②框架式吊架见图 1-32，用 ϕ50×3.5 钢管焊接制成，主要用于外装修工程。

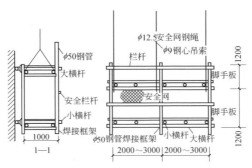

图 1-32　框架式吊架

③桁架式工作平台。桁架式工作平台一般由钢管或钢筋制成桁架结构,并在上面铺上脚手板,常用长度有 3.6m、4.5m、6.0m 等几种,宽度一般为 1.0~1.4m。这类工作台主要用于工业厂房或框架结构的围墙施工。

吊篮里侧两端应装置可伸缩的护墙轮,使吊篮在工作时能与结构面靠紧,以减少吊篮的晃动。

3.电动吊篮脚手架的构造

电动吊篮脚手架由屋面支承系统、绳轮系统、提升机构、安全锁和吊篮(或吊架)组成,见图 1-33。目前吊篮脚手架都是工厂化生产的定型产品。

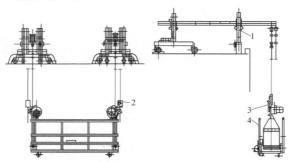

图 1-33　电动吊篮脚手架

1—屋面支承系统;2—安全锁;3—提升机构;4—吊篮

(1)屋面支承系统。

屋面支承系统由挑梁、支架、脚轮、配重以及配重架等组成,有四种形式。简单固定挑梁式支承系统,见图 1-34;移动挑梁式支承系统,见图 1-35;高女儿墙移动挑梁式支承系统,见图 1-36;大悬臂移动桁架式支承系统,见图 1-37。

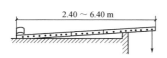

图 1-34　简单固定挑梁式支承系统

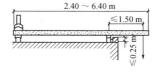

图 1-35　移动挑梁式支承系统

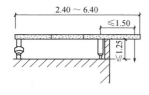

图 1-36　高女儿墙移动挑梁式
　　　　支承系统（单位：m）

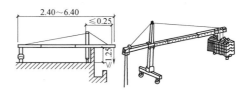

图 1-37　大悬臂移动桁架式
　　　　支承系统（单位：m）

（2）吊篮。

吊篮由底篮、栏杆、挂架和附件等组成。宽度标准为 2.0m、2.5m、3.0m 三种。

（3）安全锁。

保护吊篮中操作人员不致因吊篮意外坠落而受到伤害。

九、爬架构造及类型

凡采用附着于工程结构、依靠自身提升设备实现升降的悬空脚手架，统称为附着升降脚手架。由于它具有沿工程结构爬升（降）的状态属性，因此，也可称为"爬升脚手架"或简称"爬架"。

1. 爬架的基本组成部分

爬架由架体、附着支承、提升机构和设备、安全装置和控制系统等 4 个基本部分构成。

(1)架体。

架体由竖向主框架、水平梁架和架体板构成,见图1-38。其中,竖向主框架既是构成架体的边框架,也是与附着支承构造连接。带导轨架体的导轨一般都设计为竖向主框架的内侧立杆。竖向主框架的形式可为单片框架或为由两个片式框架组成的格构柱式框架,后者多用于采用挑梁悬吊架体的附着升降脚手架中。水平梁架一般设于底部,是加强架体的整体性和刚度的重要措施。

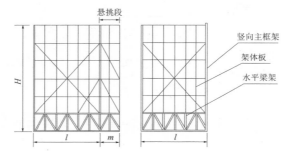

图 1-38 爬架的架体构成

架体板应设置剪刀撑,当有悬挑段时,应设置见图1-38所示的成对斜杆并加强连接构造,以确保悬挑段的传载和安全工作要求。

(2)附着支承。

附着支承的形式虽然很多,但其基本构造却只有挑梁、拉杆、导轨、导座(或支座、锚固件)和套框(管)等5种,并视需要组合使用。为了确保架体在升降时处于稳定状态,避免晃动和抵抗倾覆作用,要求达到以下两项要求:

①架体在任何状态(使用、上升或下降)下,与工程结构之间必须有不少于2处的附着支承点;

②必须设置防倾装置。即在采用非导轨或非导座附着方式(其导轨或导座既起支承和导向作用、也起防倾作用)时,必须另外附设防倾导杆。而挑梁式和吊拉式附着支承构造,在加设防倾导轨后,就变成了挑轨式和吊轨式。

(3)提升机构和设备。

提升机构取决于提升设备,共有吊升、顶升和爬升 3 种:

①吊升。在挑梁架(或导轨、导座、套管架等)挂置电动葫芦或手动葫芦,以链条或拉杆吊着(竖向或斜向)架体,实际沿导轨滑动的吊升。提升设备为小型卷扬机时,则采用钢丝绳、经导向滑轮实现对架体的吊升。

②顶升。通过液压缸活塞杆的伸长,使导轨上升并带动架体上升。

③爬升。其上下爬升箱带着架体沿导轨自动向上爬升。

提升机构和设备应确保处于完好状况、工作可靠、动作稳定。

(4)安全装置和控制系统。

附着升降脚手架的安全装置包括防坠和防倾装置,防倾采用防倾导轨及其他适合的控制架体水平位移的构造。防坠装置则为防止架体坠落的装置,即一旦因断链(绳)等造成架体坠落时,能立即动作、及时将架体制停在防坠杆等支持构造上。防坠装置的制动有棘轮棘爪、楔块斜面自锁、摩擦轮斜面自锁、楔块套管、偏心凸轮、摆针等多种类型,见图 1-39,一般都能达到制停的要求。

2. 爬架的类型

爬架可分为挑梁式、互爬式、套管式和导轨式四类。

(1)挑梁式爬架。

挑梁式爬架以固定在结构上的挑梁为支点来提升支架(图 1-40)。

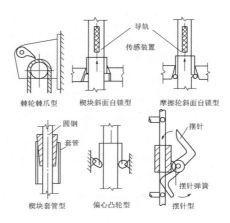

图 1-39 防坠装置的制动类型示意

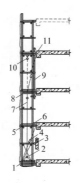

图 1-40 挑梁式爬架

1—承力托盘;2—基础架(承力桁架);3—导向轮;4—可调拉杆;5—脚手板;6—连墙
件;7—提升设备;8—提升挑梁;9—导向杆(导轨);10—小葫芦;11—导杆滑套

（2）互爬式爬架。

互爬式爬架是相邻两支架（甲、乙）互为支点交错升降（图 1-41）。

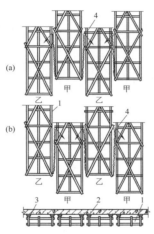

图 1-41　互爬式爬架

1—提升单元；2—提升横梁；3—连墙支座；4—手拉葫芦

（3）套管式爬架。

套管式爬架通过固定框和活动框的交替升降来带动支架升降（图 1-42）。

（4）导轨式爬架。

导轨式爬架把导轨固定在建筑物上，支架沿着导轨升降（图 1-43）。

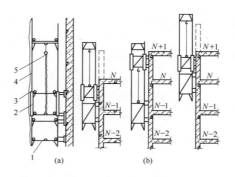

图 1-42　套管式爬架基本结构及升降原理

(a)套管式爬架基本结构;(b)爬架的升降原理

1—固定框(大爬架),$\phi 48 \times 3.5$mm 钢管焊接;2—滑动框(小爬架),$\phi 63.5 \times 4$mm 钢管焊接;3—纵向水平杆,$\phi 48 \times 3.5$mm 焊接钢管;4—安全网;5—提升机具(葫芦)

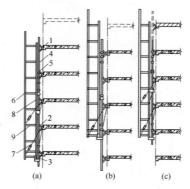

图 1-43　导轨式爬架

(a)爬升前;(b)爬升后;(c)再次爬升前

1—连接挂板;2—连墙杆;3—连墙杆座;4—导轨;5—限位锁;6—脚手架;7—斜拉钢丝绳;8—立杆;9—横杆

十、脚手架模板支撑架的基本知识

1. 模板支撑架的类别

用脚手架材料可以搭设各类模板支撑架,包括梁模、板模、梁板模和箱基模等,并大量用于梁板模板的支架中。在板模和梁板模支架中,支撑高度>4.0m者,称为"高支撑架",有早拆要求及其装置者,称为"早拆模板体系支撑架"。按其构造情况可作以下分类:

(1)按构造类型划分。

①支柱式支撑架(支柱承载的构架)。

②片(排架)式支撑架(由一排有水平拉杆联结的支柱形成的构架)。

③双排支撑架(两排立杆形成的支撑架)。

④空间框架式支撑架(多排或满堂设置的空间构架)。

(2)按杆系结构体系划分。

①几何不可变杆系结构支撑架(杆件长细比符合桁架规定,竖平面斜杆设置不小于均占两个方向构架框格的 1/2 的构架)。

②非几何不可变杆系结构支撑架(符合脚手架构架规定,但有竖平面斜杆设置的框格低于其总数 1/2 的构架)。

(3)按支柱类型划分。

①单立杆支撑架。

②双立杆支撑架。

③格构柱群支撑架(由格构柱群体形成的支撑架)。

④混合支柱支撑架(混用单立杆、双立杆、格构柱的支撑架)。

(4)按水平构架情况划分。

①水平构造层不设或少量设置斜杆或剪刀撑的支撑架。

②有一或数道水平加强层设置的支撑架,又可分为:

a. 板式水平加强层(每道仅为单层设置,斜杆设置不小于1/37 平框格)。

b. 桁架式水平加强层(每道为双层,并有竖向斜杆设置)。

此外,单双排支撑架还有设附墙拉结(或斜撑)与不设之分,后者的支撑高度不宜大于 4m。支撑架的所受荷载一般为竖向荷载,但箱基模板(墙板模板)支撑架则同时受竖向和水平荷载作用。

2. 模板支撑架的设置要求

支撑架的设置应满足可靠承受模板荷载,确保沉降、变形、位移均符合规定,绝对避免出现坍塌和垮架的要求,并应特别注意确保以下三点:

(1)承力点应设在支柱或靠近支柱处,避免水平杆跨中受力。

(2)充分考虑施工中可能出现的最大荷载作用,并确保其仍有两倍的安全系数。

(3)支柱的基底绝对可靠,不得发生严重沉降变形。

十一、脚手架和模板支撑架的安全管理

1. 安全技术的管理要求

(1)脚手架和支撑架要严格履行编制、审核和批准的程序,参加上述三大步骤的人员必须是能掌握脚手架结构设计技术的人员,以保证施工的安全。

(2)脚手架和支撑架的施工设计,应对架体结构提出相应的结构平、立、剖面图,并根据使用情况进行相应的结构计算,计算

书应明确无误,并提出施工的重点措施和要求。

(3)在施工前应由施工设计的设计者对现场施工人员进行技术交底,并应达到使操作者掌握的目的。

(4)架体在搭设完(支撑架)或在使用前(脚手架)进行检查验收,达到设计要求,方可投入使用。

2. 对操作人员的要求

(1)对从事高空作业的人员要定期进行体检。凡患有高血压、心脏病、贫血、癫痫病以及不适合高空作业的人员不得从事高空作业。饮酒后禁止作业。

(2)高空作业人员衣着要便利,禁止赤脚、赤膊及穿硬底、高跟、带钉、易滑的鞋或拖鞋从事高空作业。

(3)进入施工区域的所有工作人员、施工人员必须按要求戴安全帽。

(4)从事无可靠防护作业的高空作业人员必须使用安全带,安全带要挂在牢固的地方。

3. 架体结构的检查重点

(1)首先检查架体结构是否符合施工设计的要求,未经设计及审批人员批准不得随意改变架体整体结构。

(2)重点检查节点的扣件是否扣牢,尤其是扣件式脚手架,不得有“空扣”和“假扣”现象。

(3)对斜杆的设置应重点检查。

4. 脚手架的防护措施

(1)双排脚手架操作台的脚手板要铺平、铺严;两侧要有挡脚板和两道牢固的护身栏或立挂安全网,与建筑物的间隙不得大于 15cm。

（2）满堂红脚手架高度在 6m 以下时，可铺花板，但间隙不得大于 20cm。板头要绑牢，高度在 6m 以上时，必须铺严脚手板。

（3）建筑物顶部施工的防护架子高度要超出坡屋面挑檐板 1.5m 或高于平屋面女儿墙顶 1.0m，高出部分要绑两道护身栏和立挂安全网。

5. 安全网的设置

（1）凡 4m 以上的在施工程，必须随施工层支 3m 宽的安全网，首层必须固定一道 3～6m 宽的底网。高层建筑施工时，除首层网外，每隔 10m 还要固定一道安全网。施工中要保证安全网完整有效，受力均匀，网内不得有堆积物。网间搭挂要严密，不得有缝隙。

（2）在施工程的电梯井、采光井、螺旋式楼梯口，除必须设有防护栏杆外，还应在井口内固定安全网，除首层一道外，每隔三层另设安全网。

（3）在安装阳台和走廊底板时，应尽可能把栏板同时装好。如不能及时安装，要将阳台三面严密防护，其高度要超出底板 1.0m 以上。

6. 施工现场的管理措施

施工现场内的一切孔洞，如电梯井口、楼梯口、施工洞出入口、设备口和井、沟槽、池塘以及随墙洞口、阳台门口等，必须加门、加盖，设围栏并加警告标志。

（1）层高 3.6m 以下的室内作业所用的铁凳、木凳、人字梯要拴牢固，设防滑装置，两支点间跨度不得大于 3.0m，只允许一人在上操作;脚手板宽度不得小于 25cm;双复凳和人字梯要互相拉牢,单梯坡度不得小于 60°和大于 70°;底部要有防滑措施。

（2)作业中禁止投掷物料。清理楼内物料时,应设溜槽或使用垃圾桶,手持工具和零星物料应随手放在工具袋内。安装玻璃要防止坠落,严禁抛撒碎玻璃。

（3)施工现场操作人员要严格做到活完脚下清。斜道、过桥、跳板要有人负责维修和清理,不得存放杂物。冬雨季要采取防滑措施,禁止使用飞跳板。

第2部分 架子工岗位操作技能

一、落地扣件式钢管外脚手架搭设

1. 落地扣件式钢管外脚手架的构造及要求

落地扣件式钢管外脚手架有双排和单排两种搭设形式,由立杆、大横杆、小横杆、剪刀撑、横向斜撑、连墙件等组成,见图2-1与图2-2。

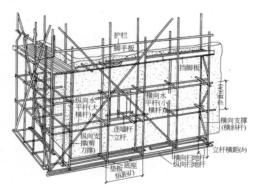

图 2-1 落地扣件式钢管外脚手架示意图

单排外脚手架仅在结构外侧有一排立杆,小横杆一端与立杆和大横杆相连,另一端支搭在外墙上,外墙需要具有一定的宽度和强度。所以单排架的整体刚度较差,承载能力较低。因此在墙厚不大于180mm的墙体、空斗墙、加气块墙、砌筑砂浆强度等级不大于 M1 的砖墙和建筑物高度超过 24m 时不应使用单排架。

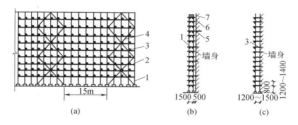

(a)　　　　　　　　(b)　　　　　　(c)

图 2-2　落地扣件式钢管外脚手架图例

(a)立面图;(b)双排架;(c)单排架

1—立杆;2—大横杆;3—小横杆;4—剪刀撑;5—连墙件;6—作业层;7—栏杆

常用敞开式单、双排脚手架结构的设计尺寸,应符合表 2-1、表 2-2 规定。

表 2-1　　　　　　　常用敞开式双排脚手架的设计尺寸　　　　　（单位:m）

连墙件设置	立杆横距 l_b	步距 h	下列荷载时的立杆纵距 l_a				脚手架允许搭设高度 $[h]$
			$2+4×0.35$ (kN/m²)	$2+2+4×0.35$ (kN/m²)	$3+4×0.35$ (kN/m²)	$3+2+4×0.35$ (kN/m²)	
二步三跨	1.05	1.20~1.35	2.0	1.8	1.5	1.5	50
		1.80	2.0	1.5	1.5	1.5	50
	1.30	1.20~1.35	1.8	1.5	1.5	1.5	50
		1.80	1.8	1.5	1.5	1.2	50
	1.55	1.20~1.35	1.8	1.5	1.5	1.5	50
		1.80	1.8	1.5	1.5	1.2	37
三步三跨	1.05	1.20~1.35	2.0	1.8	1.5	1.5	50
		1.80	2.0	1.5	1.5	1.5	34
	11.30	1.20~1.35	1.8	1.5	1.5	1.5	50
		1.80	1.8	1.5	1.5	1.2	30

注:1. 表中所示 $2+2+4\times0.35(kN/m^2)$,包括下列荷载;$2+2(kN/m^2)$是二层装修作业层施工荷载;$4\times0.35(kN/m^2)$包括二层作业层脚手板,另两层脚手板是根据规范的规定制定;

2. 作业层横向水平杆间距,应按不大于 $l_b/2$ 设置。

表 2-2　　　　　　常用敞开式单排脚手架的设计尺寸　　　　　　(单位:m)

连接件设置	立杆横距 l_b	步距 h	下列荷载时的立杆纵距 l_a		脚手架允许搭设高度 $[H]$
			$2+2\times0.35$ /(kN/m²)	$3+2\times0.35$ /(kN/m²)	
二步三跨 三步三跨	1.20	1.20~1.35	2.0	1.8	24
		1.80	2.0	1.8	24
	1.40	1.20~1.35	1.8	1.5	24
		1.80	1.8	1.5	24

注:同表 2-1。

(1)立杆的构造要求。

立杆一般用单根,当脚手架很高、负荷较重时可以采用双根立杆。

每根立杆底部应设置底座或垫板。立杆顶端宜高出女儿墙上皮 1m,高出檐口上皮 1.5m。

立杆接长除顶层顶步可采用搭接接头外,其余各层各步接头必须采用对接扣件连接(对接的承载能力比搭接大 2.14 倍)。立杆上的对接接头应交错布置,在高度方向错开的距离不应小于 500mm,各接头中心距主节点的距离不应大于步距的 1/3;立杆的搭接长度不应小于 1m,用不少于 2 个旋转扣件固定,端部扣件盖板的边缘至杆端距离不应小于 100mm。

双根立杆中副立杆的高度不应低于 3 步,钢管长度不应小于 6m。双管立杆与单管立杆的连接可以采用见图 2-3 的方式。主立杆与副立杆采用旋转扣件连接,扣件数量不应小于 2 个。

脚手架必须设置纵、横向扫地杆,并用直角扣件固定在立杆上,横向扫地杆的扣件在下,扣件距底座上皮不大于 200mm。当立杆基础不在同一高度上时,必须将高处的纵向扫地杆向低处延长两跨与立杆固定,高低差不应大于 1m,靠边坡上方的立杆轴线到边坡的距离不应小于 500mm,见图 2-4。

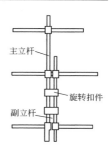

图 2-3 立杆连接

脚手架底层步距不应大于 2m。

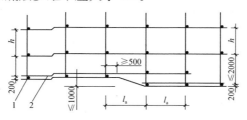

图 2-4 纵、横向扫地杆构造

1—横向扫地杆;2—纵向扫地杆

立杆必须用连墙件与建筑物可靠连接,连墙件布置间距宜按规范采用。

(2)大横杆的构造要求。

大横杆宜设置在立杆内侧,其长度不宜小于 3 跨,并不小于 6m。

当使用冲压钢脚手板、木脚手板、竹串片脚手板时,大横杆应设在小横杆之下,采用直角扣件与立杆连接;当使用竹笆脚手板时,大横杆应设在小横杆之上,采用直角扣件固定在小横杆上,并应等间距设置,间距不应大于 400mm,见图2-5。

大横杆接长宜采用对接扣件连接,也可采用搭接。对接、搭接应符合下列规定：

大横杆的对接扣件应交错布置，相邻两接头不宜设置在同步或同跨内，在水平方向错开的距离不应小于 500mm；各接头中心至最近主节点的距离不宜大于纵距的 1/3，见图 2-6。

搭接长度不应小于 1m，应等间距设置 3 个旋转扣件固定，端部扣件盖板边缘至搭接纵向水平杆杆端的距离不应小于 100mm。

（3）小横杆的构造要求。

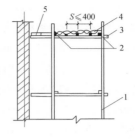

图 2-5　铺竹笆脚手板时
纵向水平杆的构造

1—立杆；2—纵向水平杆；
3—横向水平杆；4—竹笆脚手板；
5—其他脚手板

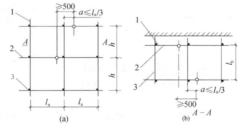

图 2-6　纵向水平杆对接接头布置
（a）接头不在同步内（立面）；（b）接头不在同跨内（平面）
1—立杆；2—纵向水平杆；3—横向水平杆

主节点处必须设置一根小横杆，用直角扣件固定在大横杆上且严禁拆除。

作业层上非主节点处的小横杆，宜根据支承脚手板的需要等间距设置，最大间距不应大于纵距的 1/2。

当使用冲压钢脚手板、木脚手板、竹串片脚手板时，双排脚手架的小横杆两端均应采用直角扣件固定在大横杆上;单排脚手架的小横杆的一端,应用直角扣件固定在大横杆上,另一端应插入墙内,插入长度不应小于 180mm。

使用竹笆脚手板时,双排脚手架的小横杆两端,应用直角扣件固定在立杆上;单排脚手架的小横杆的一端,应用直角扣件固定在立杆上,另一端应插入墙内,插入长度不应小于 180mm。

（4）连墙件。

连墙件数量的设置应符合表 2-3 的规定。

表 2-3　　　　　　　　连墙件布置最大间距

脚手架高度		竖向间距 $/h$	水平间距 $/l_a$	每根连墙件覆盖面积 $/m^2$
双排	≤50m	$3h$	$3h_a$	≤40
	>50m	$2h$	$3h_a$	≤27
单排	≤24m	$3h$	$3h_a$	≤40

注:h——步距;h_a——纵距。

连墙件有刚性连墙件和柔性连墙件两类。

①刚性连墙件。刚性连墙件（杆）一般有三种做法:

a.连墙杆与预埋件焊接而成。在现浇混凝土的框架梁、柱上留预埋件,然后用钢管或角钢的一端与预埋件焊接,见图 2-7,另一端与连接短钢管用螺栓连接。

b.用短钢管、扣件与钢筋混凝土柱连接,见图 2-8。

c.用短钢管、扣件与墙体连接,见图 2-9。

②柔性连墙件。单排脚手架的柔性连墙件做法见图 2-10（a）,双排脚手架的柔性连墙件做法见图 2-10（b）。拉接和顶撑必须配合使用。其中拉筋用 $\phi6$ 钢筋或 $\phi4$ 的钢丝,用来承受拉力;顶撑用钢管和木楔,用以承受压力。

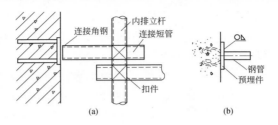

图 2-7 钢管焊接刚性连墙杆

（a）角钢焊接预埋件；（b）钢管焊接预埋件

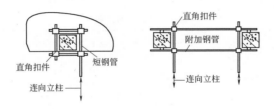

图 2-8 钢管扣件柱刚性连墙杆

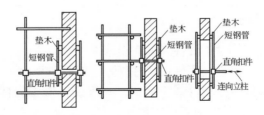

图 2-9 钢管扣件墙刚性连墙杆

连墙件的布置应符合下列规定：

a. 宜靠近主节点设置，偏离主节点的距离不应大于 300mm。

b. 应从底层第一步大横杆处开始设置，当该处设置有困难时，应采用其他可靠措施固定。

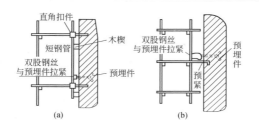

图 2-10 柔性连墙件

(a)单排架柔性连接;(b)双排架柔性连接

c. 宜优先采用菱形布置,也可采用方形、矩形布置。

d. 一字形、开口形脚手架的两端必须设置连墙件,连墙件的垂直间距不应大于建筑物的层高,并不应大于 4m(两步)。

对高度在 24m 以下的单、双排脚手架,宜采用刚性连墙件与建筑物可靠连接,亦可采用拉筋和顶撑配合使用的附墙连接方式。严禁使用仅有拉筋的柔性连墙件。

对高度 24m 以上的双排脚手架,必须采用刚性连墙件与建筑物可靠连接。连墙件的构造应符合下列规定:

连墙件中的连墙杆或拉筋宜呈水平设置,当不能水平设置时,与脚手架连接的一端应下斜连接,不应采用上斜连接;连墙件必须采用可承受拉力和压力的构造。

当脚手架下部暂不能设连墙件时可搭设抛撑。抛撑应采用通长杆件与脚手架可靠连接,与地面的倾角应在 $45°\sim60°$ 应在连墙件搭设后方可拆除。

架高超过 40m 且有风涡流作用时,应采取抗上升翻流作用的连墙措施。

(5)剪刀撑与横向斜撑。

双排脚手架应设剪刀撑与横向斜撑,单排脚手架应设剪刀撑。

①剪刀撑的设置。

a. 每道剪刀撑跨越立杆的根数宜按表 2-4 的规定确定。每道剪刀撑宽度不应小于 4 跨,且不应小于 6m,斜杆与地面的倾角宜在 45°～60°之间。

表 2-4　　　　　　　剪刀撑跨越立杆的最多根数

剪刀撑斜杆与地面的倾角	45°	50°	60°
剪刀撑跨越立杆的最多根数	7	6	5

b. 高度在 24m 以下的单、双排脚手架,均必须在外侧立面的两端各设置一道剪刀撑,并应由底至顶连续设置;中间各道剪刀撑之间的净距不应大于 15m。

c. 高度在 24m 以上的双排脚手架应在外侧立面整个长度和高度上连续设置剪刀撑。

d. 剪刀撑斜杆的接长宜采用搭接,搭接要求同立杆搭接要求。

e. 剪刀撑斜杆应用旋转扣件固定在与之相交的小横杆的伸出端或立杆上,旋转扣件中心线至主节点的距离不宜大于 150mm。

②横向斜撑的设置。

a. 横向斜撑应在同一节间,由底层至顶层呈之字形连续布置。

b. 一字形、开口形双排脚手架的两端均必须设置横向斜撑。

c. 高度在 24m 以下的封闭型双排脚手架可不设横向斜撑;高度在 24m 以上的封闭型脚手架,除拐角应设置横向斜撑外,中间应每隔 6 跨设置一道。

(6)扣件安装。

①扣件规格必须与钢管外径(ϕ48 或 ϕ51)相同。

②螺栓拧紧扭力矩不应小于 40N·m，且不应大于65N·m。

扣件螺栓拧得太紧或拧过头，脚手架承受荷载后，容易发生扣件崩裂或滑丝，发生安全事故。扣件螺栓拧得太松，脚手架承受荷载后，容易发生扣件滑落，发生安全事故。

③在主节点处固定小横杆、大横杆、剪刀撑、横向斜撑等用的直角扣件、旋转扣件的中心点的相互距离不应大于 150mm。

④对接扣件开口应朝上或朝内。

⑤各杆件端头伸出扣件盖板边缘的长度不应小于100mm。

(7)脚手板的设置要求。

作业层脚手板应铺满、铺稳，离开墙面 120～150mm。

冲压钢脚手板、木脚手板、竹串片脚手板等，应设置在三根小横杆上。当脚手板长度小于 2m 时，可采用两根小横杆支承，但应将脚手板两端与其可靠固定，严防倾翻。此三种脚手板的铺设可采用对接平铺，亦可采用搭接铺设。脚手板对接平铺时，接头处必须设两根小横杆，脚手板外伸长应取 130～150mm，两块脚手板外伸长度的和不应大于 300mm，见图 2-11(a)；脚手板搭接铺设时，接头必须支在小横杆上，搭接长度应大于 200mm，其伸出小横杆的长度不应小于100mm，见图 2-11(b)。

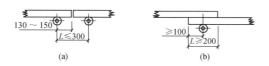

图 2-11 脚手板对接、搭接构造(单位:mm)

(a)脚手板对接；(b)脚手板搭接

竹笆脚手板应按其主竹筋垂直于大横杆方向铺设，且采用对接平铺，四个角应用直径 1.2mm 的镀锌钢丝固定在大横杆上。

脚手板探头应用直径 3.2mm 的镀锌钢丝固定在支承杆件上；在拐角、斜道平台口处的脚手板，应与小横杆可靠连接，防止滑动；自顶层作业层的脚手板往下计，宜每隔 12m 满铺一层脚手板。

(8)护栏和挡脚板的设置。

脚手架搭设到两步架以上时，操作层必须设置高 1.2m 的防护栏杆和高度不小于 0.18m 的挡脚板，以防止人、物的闪出和坠落。栏杆和挡脚板均应搭设在外立杆的内侧，中栏杆应居中设置。

(9)特殊部位的处理。

脚手架搭设遇到门洞通道时，为了施工方便和不影响通行与运输，应设置八字撑，见图 2-12。

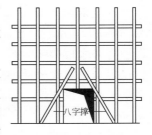

八字撑设置的方法是在门洞或过道处反空 1~2 根立杆，并将悬空的立杆用斜杆逐根连接到两侧立杆上并用扣件扣牢，形成八字撑。斜面撑与地面呈 45°~60°角，上部相交于洞口上部

图 2-12　通道处八字撑布置

2~3 步大横杆上，下部埋入土中不少于 300mm。洞口处大横杆断开。

2. 扣件式钢管脚手架的搭设

(1)施工准备。

①工程技术人员向施工人员、使用人员进行技术交底，明确脚手架的质量标准、要求、搭设形式及安全技术措施。

②将建筑物周围的障碍物和杂物清理干净，平整好搭设场

地,松土处要进行夯实,有可靠的排水措施。

③把钢管、扣件、底座、脚手板及安全网等运到搭设现场,并按脚手架材料的质量要求进行检查验收,不符合要求的都不准使用。扣件式钢管脚手架应采用可锻铸铁制作的扣件,其质量可靠;钢板压制扣件现行规范不推荐使用。钢管脚手架的脚手板常用的类型有:冲压式钢脚手板、木脚手板、竹串片及竹笆板等,可根据施工地区的材源就地取材使用。

(2)搭设工艺顺序。

按建筑物平面形式放线→铺垫板→按立杆间距排放底座→摆放纵向扫地杆→逐根竖立杆→与纵向扫地杆扣紧→安放横向扫地杆→与立杆或纵向扫地杆扣紧→绑扎第一步纵向水平杆和横向水平杆→绑扎第二步纵向水平杆和横向水平杆→加设临时抛撑(设置两道连墙杆后可拆除)→绑扎第三、四步纵向水平杆和横向水平杆→设置连墙杆→绑扎横向斜撑→接立杆→绑扎剪刀撑→铺脚手板→安装护身栏和挡脚板→绑扎封顶杆→立挂安全网。

(3)搭设要点和要求。

①按建筑物的平面形式放线、铺垫板。根据脚手架的构造要求放出立杆位置线,然后按线铺设垫板,垫板厚度不小于50mm,再按立杆的间距要求放好底座。

②摆放扫地杆、竖立杆。脚手架必须设置纵、横向扫地杆。纵向扫地杆应采用直角扣件固定在距底座上皮不大于200mm处的立杆内侧;横向扫地杆也应采用直角扣件固定在紧靠纵向扫地杆下方的立杆上,其摆放、构造见图 2-13。

竖立杆时,将立杆插入底座中,并插到底。要先里排后外排,先两端后中间。在与纵向水平杆扣住后,按横向水平杆的间距要求,将横向水平杆与纵向水平杆连接扣住,然后绑上临时抛

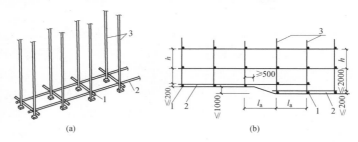

图 2-13 纵、横向扫地杆

(a)摆放示意图；(b)构造

1—横向扫地杆；2—纵向扫地杆；3—立杆

撑(斜撑)。开始搭设立杆时,应每隔 6 跨设置一根抛撑,直至连墙件安装稳定后,方可根据情况拆除。立杆必须用连墙件与建筑物可靠连接。严禁将 $\phi48mm$ 与 $\phi51mm$ 的钢管混合使用。

对于双排脚手架,在第一步架搭设时,最好有 6～8 人互相配合操作。立杆竖起时,最有两人配合操作,一人拿起立杆,将一头顶在底座处;另一人用左脚将立杆底端踩住,再左手扶住立杆,右手帮助用力将立杆竖起,待立杆竖直后插入底座内。一人不松手继续扶立杆,另一人再拿起纵向水平杆与立杆绑扎。

③安装纵、横向水平杆的操作要求。应先安装纵向水平杆,再安装横向水平杆,结构图见图 2-14。纵向水平杆宜设置在立杆内侧,其长度不宜小于 3 跨。

进行各杆件连接时,必须有一人负责校正立杆的垂直度和纵向水平杆的水平度。立杆的直偏差控制在 1/200 以内。在端头的立杆校直后,以后所竖的立杆就以端头立杆为标志穿即可。

④连墙件。连墙件中的连墙杆或拉筋宜呈水平设置,连墙件必须采用可承受拉力和压的构造。连墙件设置数量应符合表 2-5 的规定。

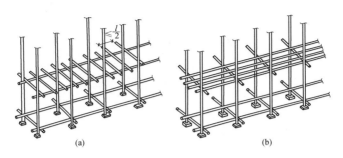

图 2-14　纵、横向水平杆安装

(a)铺冲压钢脚手板等;(b)铺竹笆脚手板

表 2-5 　　　　　　　　　　　　连墙件布置最大间距

脚手架高度 H/m		竖向间距	水平间距	每根连墙件覆盖面积/m^2
双排	$H{\leqslant}50$	$3h$	$3l_a$	${\leqslant}40$
	$H{>}50$	$2h$	$3l_a$	${\leqslant}27$
单排	$H{\leqslant}24$	$3h$	$3l_a$	${\leqslant}40$

注:h—步距;l_a—纵距。

　　⑤剪刀撑和横向斜撑。双排脚手架应设剪刀撑和横向斜撑,单排脚手架应设剪刀撑。高度在 24m 以下的单、双排脚手架,均必须在外侧立面的两端各设置一道剪刀撑,并应由底至顶连续设置。高度在 24m 以上的双排脚手架,应在外侧立面整个长度和高度上连续设置剪刀撑。横向斜撑应在同一节间由底至顶层呈"之"字形连续布置。剪刀撑和横向斜撑搭设应随立杆、纵向水平杆、横向水平杆等同步进行。

　　⑥脚手板的设置。作业层脚手板应铺满、铺稳,离开墙面 120～150mm,端部脚手板探头长度应取 150mm,其板长两端均应与支承杆可靠固定。

　　冲压钢脚手板、木脚手板、竹串片脚手板等,应设置在三根横向水平杆上。当脚手板长度小于 2m 时,可采用两根横向水平杆支承。此三种脚手板的铺设可采用对接平铺或搭接铺设,其构造见图 2-15。

竹笆脚手板应按其主竹筋垂直于纵向水平杆方向铺设,且采用对接平铺,四个角应用直径为 1.2mm 的镀锌钢丝固定在纵向水平杆上。

⑦护身栏和挡脚板。护身栏和挡脚板应设在外立杆内侧;上栏杆上皮高度应为 1.2m,中栏杆应居中设置;挡脚板高度应不小于 180mm,构造见图 2-16。

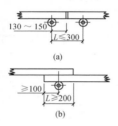

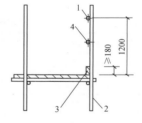

图 2-15　脚手板对接、搭接构造
(a)脚手板对接平铺;(b)脚手板搭接铺设

图 2-16　栏杆和挡脚板构造
1—上栏杆;2—外立杆;
3—挡脚板;4—中栏杆

⑧搭设安全网。一般沿脚手架外侧满挂封闭式安全立网,底部搭设防护棚,立网应与立杆和纵向水平杆绑扎牢固,绑扎间距小于 0.30m。在脚手架底部离地面 3～5m 和层间每隔 3～4 步处,设置水平安全网及支架一道,水平安全网的水平张角约 20°,支护距离大于 2m 时,用调整拉杆夹角来调整张角和水平距离,并使安全网张紧。在安全网支架层位的上、下两节点必须各设一个连墙杆,水平距离四跨设一个连墙杆,构造见图 2-17。

⑨脚手架的封顶。脚手架封顶时,必须按安全技术操作规程进行。

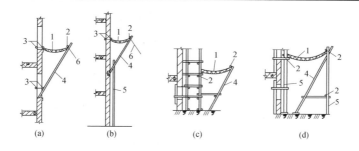

图 2-17 水平安全网设置

(a)墙面有窗口;(b)墙面无窗口;(c)3m 宽平网;(d)6m 宽平网

1—平网;2—纵向水平杆;3—拦墙杆;4—斜杆;5—立杆;6—麻绳

外排立杆顶端,平屋顶的必须超过女儿墙顶面 1m;坡屋顶的必须超过檐口顶 1.5m。

非立杆必须低于檐口底面 15~20cm,见图 2-18(a)。脚手架最上一排连墙件以上建勿高度应不大于 4m。

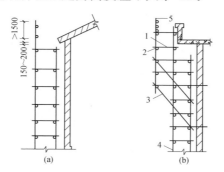

图 2-18 脚手架封顶

(a)坡屋顶;(b)挑檐部位

1—横向水平杆;2—纵向水平杆;3—斜杆;4—立杆;5—栏杆

在房屋挑檐部位搭设脚手架时,可用斜杆将脚手架挑出,见

图 2-18(b)。要求挑出部分的高度不得超过两步,宽度不超过 1.5m;斜杆应在每根立杆上挑出,与水平面的夹角得小于 60°,斜杆两端均交于脚手架的主节点处;斜杆间距不得大于 1.5m;脚手架挑出部分最外排立杆与原脚手架的两排立杆,应至少设置 3 道平行的纵向水平杆。

脚手架顶面外排立杆要绑两道护身栏,一道挡脚板,并要立挂一道安全网,以确保安全外檐施工方便。

(4)扣件安装注意事项。

①扣件规格必须与钢管规格相同。

②扣件的螺栓拧紧度十分重要,扣件螺栓拧得太紧或太松都容易发生事故,如拧得过松,脚手架容易向下滑落;拧得过紧,会使扣件崩裂和滑扣,使脚手架发生倒塌事故。扭力矩以 45~55N·m 为宜,最大不超过 65N·m。

③扣件开口的朝向。对接扣件的开口应朝脚手架的内侧或朝下。连接纵向(或横向)水平杆与立杆的直角扣件开口要朝上,以防止扣件螺栓滑扣时水平杆脱落。

④各杆件端头伸出扣件盖板边缘的长度应不小于 100mm。

(5)各杆件搭接注意事项。

①立杆。每根立杆底部应设置底座或垫板。要注意长短搭配使用,立杆接长除顶层、顶步外,其余各层、各步接头必须采用对接扣件连接,相邻立杆的接头不得在同一高度内。

②纵向水平杆。纵向水平杆的接长宜采用对接扣件连接,也可采用搭接。对接扣件要求上下错开布置,见图 2-19,两根相邻纵向水平杆的接头不得在同一步架内或同一跨间内;不同步或不同跨两个相邻接头在水平方向错开的距离应不小于 500mm,各接头中心至最近主节点的距离不宜大于纵距的 1/3。

搭接时,搭接长度应不小于 1m,应等间距设置 3 个旋转扣件固定,端部扣件盖板边缘至搭接纵向水平杆杆端的距离应不小于 100mm,见图 2-20。

③横向水平杆。主节点处必须设置一根横向水平杆,用直角扣件连接且严禁拆除。

④在递杆、拨杆时,下方人员必须将杆件往上送到脚手架上的上方人员待其接住杆件后方可松手,否则容易发生安全事故。在脚手架上的拨杆人员必须挂好安全带,双脚站好位置,一手抓住立杆,另一手向上拨杆,待杆件拨到中间时,用脚将下端杆件挑起,站在两端的操作人员立即接住,按要求绑扣件。

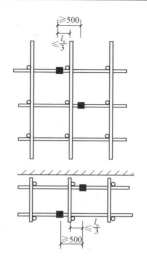

图 2-19　纵向水平杆接头布置

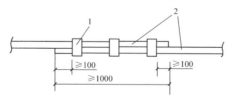

图 2-20　纵向水平杆的搭接要求(单位:mm)
1—扣件;2—纵向水平杆

(6)剪刀撑的安装注意事项。

随着脚手架的搭高,每搭七步架,都要及时安装剪刀撑。剪刀撑两端的扣件距邻近连接点应不大于 20cm,最下一对剪刀撑与立杆的连接点距地面应不大于 50cm。每道剪刀撑宽度应不小于 4 跨,且应不小于 6m,斜杆与地面的倾角宜成 45°~60°。

每道剪刀撑跨越立杆的根数应按表 2-6 的规定确定。

表 2-6　　　　　　　　　　剪刀撑跨越立杆的最多根数

剪刀撑斜杆与地面的倾角 $\alpha/(°)$	45	50	60
剪刀撑跨越立杆的最多根数 $n/$根	7	6	5

剪刀撑斜杆的接长宜采用搭接。剪刀撑斜杆用旋转扣件固定在与之相交的横向水平杆的伸出端或立杆上,旋转扣件中心线至主节点的距离应不大于 150mm。

(7)连墙件的安装注意事项。

当钢管脚手架搭设较高(三步架以上)、无法支撑斜撑时,为了不使钢管脚手架往外倾斜,应设连墙件与墙体拉结牢固。

连墙件应从底层第一步纵向水平杆处开始设置,宜靠近主节点设置,偏离主节点的距离应不大于 300mm;要求上下错开、拉结牢固;宜优先采用菱形布置,也可采用方形、矩形布置。

对高度在 24m 以下的单、双排脚手架,宜采用刚性连墙件建筑物可靠连接,亦可采用拉筋和顶撑配合使用的附墙连接方式。严禁使用仅有拉筋的柔性连墙件。对高度在 24m 以上的双排脚手架,必须采用刚性连墙件与建筑物可靠连接。

(8)搭设单排扣件式钢管脚手架时,下列部位不应设置横向水平杆:

①过梁上与过梁两端成 60°的三角形范围内及过梁净跨度一半的高度范围内。

②宽度小于 48cm 的独立或附墙砖柱。

③宽度小于 1m 的窗间墙。

④梁或梁垫下及其左右各 50cm 的范围内。

⑤砖砌体的门窗洞口两侧 20cm 和转角处 45cm 的范围内;

其他砌体的门窗洞口两侧 30cm 和转角处 60cm 的范围内。

⑥设计规定不允许留设脚手眼的部位。

3.扣件式钢管脚手架的拆除

（1）拆除顺序。

拆除顺序与搭设顺序相反,即从钢管脚手架的顶端拆起,后搭的先拆,先搭的后拆。其具体拆除顺序为:安全网→护身栏→挡脚板→脚手板→横向水平杆→纵向水平杆→立杆→连墙杆→剪刀撑→斜撑。

（2）拆除要求。

①做好拆架准备工作。设专人负责拆除区域安全,禁止非拆除人员进入拆架区。

②拆除作业必须由上而下逐层进行,严禁上下同时作业。连墙件必须随脚手架逐层拆除,严禁先将连墙件整层或数层拆除后,再拆除脚手架。

③在脚手架上从事拆除操作人员必须系好安全带。拆除钢管脚手架时至少要 5～8 人配合操作,3 人在脚手架上拆除,2 人在下面配合拆除,1 人指挥,另外2～3人负责清运钢管。架上 3 人在拆除脚手架时,必须听从指挥,并互相配合好,谁先松扣件,谁后松扣件,怎样往下顺杆等。一般拆除水平杆要先松开两端头的扣件、后松开中间扣件,再水平托举取下;拆除立杆时,应把稳上部,再松开下端连接后取下;拆连墙杆和斜撑时,必须事先计划好应先拆哪个部位,后拆哪个部位,不得乱拆,否则容易发生脚手架倒塌事故。

④所有拆下来的杆件和扣件不得随意往下扔,以免损坏杆件和扣件,甚至砸伤人。将杆件和扣件随时清运到指定地点,按规格分类堆放整齐。

二、落地碗扣式钢管脚手架

1. 碗扣式钢管脚手架的构造及要求

(1)双排脚手架。

①双排脚手架应按构造要求搭设;当连墙件按二步三跨设置,二层装修作业层、二层脚手板、外挂密目安全网封闭,且符合表 2-7 的基本风压值时,其允许搭设高度宜符合表 2-7 的规定。

②当曲线布置的双排脚手架组架时,应按曲率要求使用不同长度的内外横杆组架. 曲率半径应大于 2.4m。

表 2-7　　　　　　　双排落地脚手架允许搭设高度

步距/m	横距/m	纵距/m	允许搭设高度/m		
			基本风压值 w_0/(kN/m²)		
			0.4	0.5	0.6
1.8	0.9	1.2	68	62	52
		1.5	51	43	36
	1.2	1.2	59	53	46
		1.5	41	31	26

注:本表计算风压高度变化系数,系按地面粗糙度为 C 类采用,当具体工程的基本风压值和地面粗糙度与此表不相符时,应另行计算。

③当双排脚手架拐角为直角时,宜采用横杆直接组架,见图 2-21(a);当双排脚手架拐角为非直角时,可采用钢管扣件组架,见图 2-21(b)。

④双排脚手架首层立杆应采

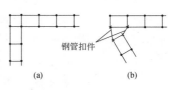

图 2-21　拐角组架
(a)横杆组架;(b)钢管扣件组架

用不同的长度交错布置,底层纵、横向横杆作为扫地杆距地面高度应不大于 350mm,严禁施工中拆除扫地杆。立杆应配置可调底座或固定底座,见图 2-22。

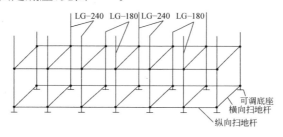

图 2-22　首层立杆布置示意

⑤双排脚手架专用外斜杆设置应符合下列规定,见图 2-23。

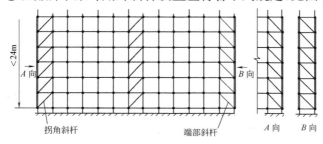

图 2-23　专用外斜杆设置示意

a.斜杆应设置在有纵、横向横杆的碗扣节点上。

b.在封圈的脚手架拐角处及一字形脚手架端部应设置竖向通高斜杆。

c.当脚手架高度不大于 24m 时,每隔 5 跨应设置一组竖向通高斜杆;当脚手架高度大于 24m 时,每隔 3 跨应设置一组竖向通高斜杆;斜杆应对称设置。

d. 当斜杆临时拆除时。拆除前应在相邻立杆间设置相同数量的斜杆。

⑥当采用钢管扣件作斜杆时应符合下列规定。

a. 斜杆应每步与立杆扣接。扣接点距碗扣节点的距离不应大于 150mm；当出现不能与立杆扣接时，应与横杆扣接。扣件扭紧力矩应为 40～65N·m。

b. 纵向斜杆应在全高方向设置成八字形且内外对称，斜杆间距不应大于两跨，见图 2-24。

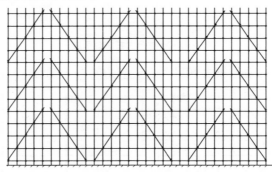

图 2-24　钢管扣件作斜杆设置

⑦连墙件的设置应符合下列规定。

a. 连墙件应呈水平设置。当不能呈水平设置时，与脚手架连接的一端应下斜连接。

b. 每层连墙件应在同一平面，其位置应由建筑结构和风荷载计算确定，且水平间距不应大于 4.5m。

c. 连墙件应设置在有横向横杆的碗扣节点处。当采用钢管扣件做连墙件时，连墙件应与立杆连接，连接点距碗扣节点距离不应大于 150mm。

d. 连墙件应采用可承受拉、压荷载的刚性结构。连接应牢固可靠。

⑧当脚手架高度大于 24m 时，顶部 24m 以下所有的连墙件层必须设置水平斜杆，水平斜杆应设置在纵向横杆之下，见图 2-25。

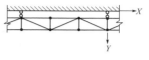

图 2-25　水平斜杆设置示意

⑨脚手板设置应符合下列规定。

a. 工具式钢脚手板必须有挂钩，并带有自锁装置与廊道横杆锁紧，严禁浮放。

b. 冲压钢脚手板、木脚手板、竹串片脚手板，两端应与横杆绑牢，作业层相邻两根廊道横杆间应加设间横杆。脚手板探头长度应不大于 150mm。

⑩人行通道坡度不宜大于 1∶3，并应在通道脚手板下增设横杆，通道可折线上升，见图 2-26。

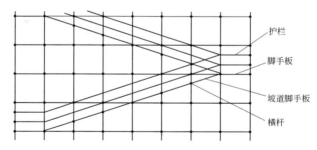

护栏

脚手板

坡道脚手板

横杆

图 2-26　人行通道设置

⑪脚手架内立杆与建筑物距离应不大于 150mm；当脚手架内立杆与建筑物距离大于 150mm 时，应按需要分别选用窄挑梁或宽挑梁设置作业平台。挑梁应单层挑出，严禁增加层数。

（2）门洞设置要求。

①当双排脚手架设置门洞时，应在门洞上部架设专用梁，

门洞两侧立杆应加设斜杆,见图2-27。

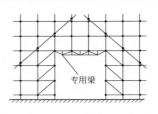

图 2-27　双排外脚手架门洞设置

②模板支撑架设置人行通道时,见图2-28,应符合下列规定:

a.通道上部应架设专用横梁,横梁结构应经过设计计算确定。

b.横梁下的立杆应加密,并应与架体连接牢固。

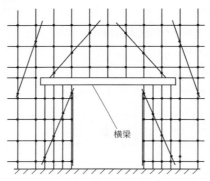

图 2-28　模板支撑架人行通道设置

c.通道宽度应不大于 4.8m。

d.门洞及通道顶部必须采用木板或其他硬质材料全封闭,两侧应设置安全网。

e.通行机动车的洞口,必须设置防撞击设施。

2.地碗扣式钢管脚手架的搭设顺序

落地碗扣式钢管脚手架应从中间向两边搭设,或两层同时按同一方向进行搭设,不得采用两边向中间合拢的方法搭设,否则中间的杆件会因为误差而难以安装。

脚手架的搭设顺序为：

安放立杆底座或立杆可调底座→树立杆、安放扫地杆→安装底层(第一步)横杆→安装斜杆→接头销紧→铺放脚手板→安装上层立杆→紧立杆连接销→安装横杆→设置连墙件→设置人行梯→设置剪刀撑→挂设安全网。

操作时，一般由 1～2 人递送材料，另外 2 人配合组装。

3. 碗扣式脚手架的搭设

(1)树立杆、安放扫地杆。

根据脚手架施工方案，处理好地基后，在立杆的设计位置放线，即可安放立杆垫座或可调底座，并树立杆。

为避免立杆接头处于同一水平面上，在平整的地基上，脚手架底层的立杆应选用 3.0m 和 1.8m 两种不同长度的立杆互相交错、参差布置。以后在同一层中采用相同长度的同一规格的立杆接长。到架子顶部时再分别用 1.8m 和 3.0m 两种不同长度的立杆找齐。

在地势不平的地基上，或者是高层及重载脚手架应采用立杆可调底座，以便调整立杆的高度。当相邻立杆地基高差小于 0.60m，可直接用立杆可调座调整立杆高度，使立杆碗扣接头处于同一水平面内；当相邻立杆地基高差大于 0.6m 时，则先调整立杆节间(即对于高差超过 0.6m 的地基，立杆相应增长一个长 0.6m 的节间)，使同一层碗扣接头高差小于 0.6m，再用立杆可调座调整高度，使其处于同一水平面内，见图 2-29。

在树立杆时应及时设置扫地杆，将所树立杆连成一整体，以保证立杆的整体稳定性。立杆同横杆的连接是靠碗扣接头锁定，连接时，先将立杆上碗扣滑至限位销以上并旋转，使其搁在限位销上，将横杆接头插入立杆下碗扣，待应装横杆接头全部装

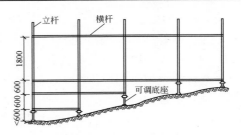

图 2-29　地基不平时立杆及其底座的设置

好后,落下上碗扣并予以顺时针旋转锁紧。

(2)安装底层(第一步)横杆。

碗扣式钢管脚手架的步距为 600mm 的倍数,一般采用 1.8m,只有在荷载较大或较小的情况下,才采用 1.2m 或 2.4m。

横杆与立杆的连接安装方法同上。

单排碗扣式脚手架的单排横杆一端焊有横杆接头,可用碗扣接头与脚手架连接固定,另一端带有活动夹板,将横杆与建筑结构整体夹紧。其构造见图 2-30。

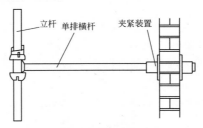

图 2-30　单排横杆设置构造

碗扣式钢管脚手架的底层组架最为关键,其组装的质量直接影响到整架的质量,因此,要严格控制搭设质量。当组装完两层横杆(即安装完第一步横杆后,应进行下列检查:

检查并调整水平框架(同一水平面上的四根横杆)的直角度

和纵向直线度(对曲线布置的脚手架应保证立杆的正确位置)。

检查横杆的水平度,并通过调整立杆可调座使横杆间的水平偏差小于 1/400L。

逐个检查立杆底脚,并确保所有立杆不能有浮地松动现象。

当底层架子符合搭设要求后,检查所有碗扣接头,并予以锁紧。

在搭设过程中,应随时注意检查上述内容,并调整。

(3)安装斜杆和剪刀撑。

斜杆可增强脚手架结构的整体刚度,提高其稳定承载能力。一般采用碗扣式钢管脚手架配套的系列斜杆,也可以用钢管和扣件代替。

当采用碗扣式系列斜杆时,斜杆同立杆连接的节点可装成节点斜杆(即斜杆接头同横杆接头装在同一碗扣接头内)或非节点斜杆(即斜杆接头同横杆接头不装在同一碗扣接头内)。一般斜杆应尽可能设置在框架结点上。若斜杆不能设置在节点上时,应呈错节布置,装成非节点斜杆,见图2-31。

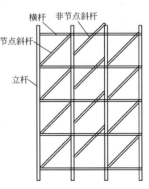

图 2-31　斜杆布置构造图

利用钢管和扣件安装斜杆时,斜杆的设置更加灵活,可不受碗扣接头内允许装设杆件数量的限制。特别是设置大剪刀撑,包括安装竖向剪刀撑、纵向水平剪刀撑时,还能使脚手架的受力性能得到改善。

①横向斜杆(廊道斜杆)。在脚手架横向框架内设置的斜杆称为横向斜杆(廊道斜杆)。由于横向框架失稳是脚手架的主要

破坏形式,因此,设置横向斜杆对于提高脚手架的稳定强度尤为重要。

对于一字形及开口形脚手架,应在两端横向框架内沿全高连续设置节点斜杆;高度 30m 以下的脚手架,中间可不设横向斜杆;30m 以上的脚手架,中间应每隔 5～6 跨设一道沿全高连续设置的横向斜杆;高层建筑脚手架和重载脚手架,除按上述构造要求设置横向斜杆外,荷载不小于 25kN 的横向平面框架应增设横向斜杆。

用碗扣式斜杆设置横向斜杆时,在脚手架的两端框架可设置节点斜杆,见图2-32(a),中间框架只能设置成非节点斜杆,见图 2-32(b)。

当设置高层卸荷拉结杆时,必须在拉结点以上第一层加设横向水平斜杆,以防止水平框架变形。

②纵向斜杆。在脚手架的拐角边缘及端部,必须设置纵向斜杆,中间部分则可均匀地间隔分布,纵向斜杆必须两侧对称布置。

脚手架中设置纵向斜杆的面积与整个架子面积的比值要求见表 2-8。

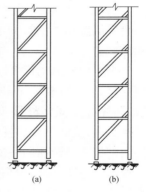

图 2-32　横向斜杆的设置

(a)节点斜杆;(b)非节点斜杆

表 2-8　　　　　　　　纵向斜杆布置数量

架高	<30m	30～50m	>50m
设置要求	>1/4	>1/3	>1/2

③竖向剪刀撑。竖向剪刀撑的设置应与纵向斜杆的设置相配合。

　　高度在30m以下的脚手架,可每隔4～6跨设一道沿全高连续设置的剪刀撑,每道剪刀撑跨越5～7根立杆,设剪刀撑的跨内可不再设碗扣式斜杆。

　　30m以上的高层建筑脚手架,应沿脚手架外侧及全高方向连续布置剪刀撑,在两道剪刀撑之间设碗扣式纵向斜杆,其设置构造见图2-33。

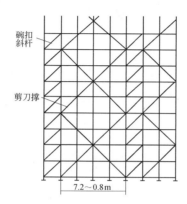

碗扣斜杆

剪刀撑

7.2～0.8m

图2-33　竖向剪刀撑设置构造

　　④纵向水平剪刀撑。纵向水平剪刀撑可增强水平框架的整体性和均匀传递连墙撑的作用。30m以上的高层建筑脚手架应每隔3～5步架设置一层连续、闭合的纵向水平剪刀撑,见图2-34。

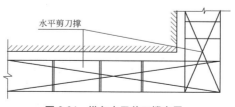

水平剪刀撑

图2-34　纵向水平剪刀撑布置

（4）设置连墙件（连墙撑）。

连墙撑是脚手架与建筑物之间的连接件，除有防止脚手架倾倒，承受偏心荷载和水平荷载作用外，还可加强稳定约束、提高脚手架的稳定承载能力。

①连墙件构造。连墙件的构造有 3 种。

a.砖墙缝固定法。

砌筑砖墙时，预先在砖缝内埋入螺栓，然后将脚手架框架用连接杆与其相连，见图 2-35（a）。

b.混凝土墙体固定法。

按脚手架施工方案的要求，预先埋入钢件，外带接头螺栓，脚手架搭到此高度时，将脚手架框架与接头螺栓固定，见图 2-35（b）。

c.膨胀螺栓固定法。

在结构物上，按设计位置用射枪射入膨胀螺栓，然后将框架与膨胀螺栓固定，见图 2-35（c）。

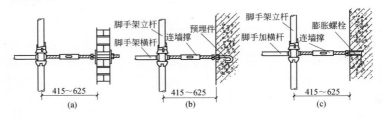

图 2-35　连墙件构造

（a）砖墙缝固定法；（b）混凝土墙体固定法；（c）膨胀螺栓固定法

②连墙件设置要求。

a.连墙件必须随脚手架的升高，在规定的位置上及时设置，不得在脚手架搭设完后补安装，也不得任意拆除。

b.一般情况下，对于高度在 30m 以下的脚手架，连墙件可按四跨三步设置一个(约 40m^2)。对于高层及重载脚手架,则要适当加密,50m 以下的脚手架至少应三跨三步布置一个(约 25m^2);50m 以上的脚手架至少应三跨二步布置一个(约 20m^2)。

　　c. 单排脚手架要求在二跨三步范围内设置一个。

　　d. 在建筑物的每一楼层都必须设置连墙件。

　　e. 连墙件的布置尽量采用梅花形布置,相邻两点的垂直间距不大于 4.0m,水平距离不大于 4.5m。

　　f. 凡设置宽挑梁、提升滑轮、高层卸荷拉结杆及物料提升架的地方均应增设连墙件。

　　g. 凡在脚手架设置安全网支架的框架层处,必须在该层的上、下节点各设置一个连墙件,水平每隔两跨设置一个连墙件。

　　h. 连墙件安装时要注意调整脚手架与墙体间的距离,使脚手架保持垂直,严禁向外倾斜。

　　j. 连墙件应尽量连接在横杆层碗扣接头内,同脚手架、墙体保持垂直,偏角范围不大于 15°。

　　(5)脚手板安放。

　　脚手板可以使用碗扣式脚手架配套设计的钢制脚手板,也可使用其他普通脚手板、木脚手板、竹脚手板等。

　　当脚手板采用碗扣式脚手架配套设计的钢脚手板时,脚手板两端的挂钩必须完全落入横杆上,才能牢固地挂在横杆上,不允许浮动。

　　当脚手板使用普通的钢、木、竹脚手板时,横杆应配合间横杆一块使用,即在未处于构架横杆上的脚手板端设间横杆作支撑,脚手板的两端必须嵌入边角内,以减少前后窜动。

　　除在作业层及其下面一层要满铺脚手板外,还必须沿高度每 10m 设置一层,以防止高空坠物伤人和砸碰脚手架框架。当架设梯子时,在每一层架梯拐角处铺设脚手板作为休息平台。

(6)接立杆。

立杆的接长是靠焊于立杆顶部的连接管承插而成。立杆插好后,使上部立杆底端连接孔同下部立杆顶部连接孔对齐,插入立杆连接销锁定即可。

安装横杆、斜杆和剪刀撑,重复以上操作,并随时检查、调整脚手架的垂直度。

脚手架的垂直度一般通过调整底部的可调底座、垫薄钢片、调整连墙件的长度等来达到。

(7)斜道板和人行架梯安装。

①斜道板安装。作为行人或小车推行的栈道,一般规定在 1.8m 跨距的脚手架上使用,坡度为 1∶3,在斜道板框架两侧设置横杆和斜杆作为扶手和护栏,而在斜脚手板的挂钩点(图 2-36 中 A、B、C 处)必须增设横杆。其布置见图 2-36。

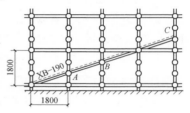

图 2-36　斜道板安装

②人行架梯安装。人行架梯设在 1.8m×1.8m 的框架内,上面有挂钩,可以直接挂在横杆上。

架梯宽为 540mm,一般在 1.2m 宽的脚手架内布置两个成折线形架设上升,在脚手架靠梯子一侧安装斜杆和横杆作为扶手。人行架梯转角处的水平框架上应铺脚手板作为平台,立面框架上安装横杆作为扶手,见图 2-37。

(8)挑梁和简易爬梯的设置。

当遇到某些建筑物有倾斜或凹进凸出时,窄挑梁上可铺设一块脚手板,宽挑梁上可铺设两块脚手板,其外侧立柱可用立杆

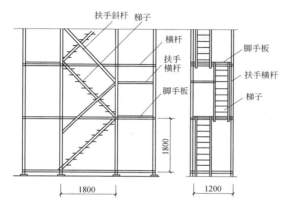

图 2-37　架梯设置

接长,以便装防护栏杆和安全网。挑梁一般只作为作业人员的工作平台,不允许堆放重物。在设置挑梁的上、下两层框架的横杆层上要加设连墙撑,见图 2-38。

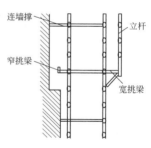

图 2-38　挑梁设置构造

把窄挑梁连续设置在同一立杆内侧每个碗扣接头内,可组成简易爬梯,爬梯步距为 0.6m,设置时在立杆左右两跨内要增设防护栏杆和安全网等安全防护设施,以确保人员上下安全。

（9）提升滑轮设置。

随着建筑物的逐渐升高,不方便运料时,可采用物料提升滑轮来提升小物料及脚手架物件,其提升重量应不超过 100kg。提升滑轮要与宽挑梁配套使用。使用时,将滑轮插入宽挑梁垂直杆下端的固定孔中,并用销钉锁定即可。其构造见图 2-39。在设置提升滑轮的相应层应加设连墙撑。

（10）安全网、扶手防护设置。

一般沿脚手架外侧要满挂封闭式安全网（立网），并应与脚手架立杆、横杆绑扎牢固，绑扎间距应不大于 0.3m。根据规定在脚手架底部和层间设置水平安全网。碗扣式脚手架配备有安全网支架，可直接用碗扣接头固定在脚手架上，安装方

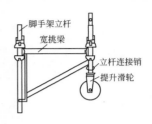

图 2-39　提升滑轮布置构造

便。其结构布置见图 2-40。扶手设置可参考扣件式脚手架。

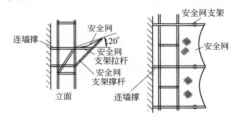

图 2-40　挑出安全网布置

（11）直角交叉。

对一般方形建筑物的外脚手架，在拐角处两直角交叉的排架要连在一起，以增强脚手架的整体稳定性。

连接形式有两种：一种是直接拼接法，即当两排脚手架刚好整框垂直相交时，可直接将两垂直方向的横杆连接在同一碗扣接头内，从而将两排脚手架连在一起，构造见图 2-41(a)；另一种是直角撑搭接法，当受建筑物尺寸限制，两垂直方向脚手架非整框垂直相交时，可用直角撑实现任意部位的直角交叉。连接时将一端同脚手架横杆装在同一接头内，另一端卡在相垂直的脚手架横杆上，见图 2-41(b)。

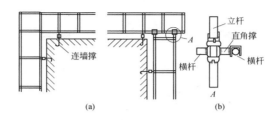

图 2-41　直角交叉构造

(a)直接拼接；(b)直角撑搭接

4.碗扣式钢管脚手架的拆除

碗扣式钢管脚手架的拆除应遵守以下规定：

(1)脚手架拆除前,应由单位工程负责人对脚手架做全面检查,制定拆除方案,并向拆除人员技术交底,清除所有多余物体,确认可以拆除后,方可实施拆除。

(2)拆除脚手架时,必须划出安全区,设警戒标志,并设专人看管拆除现场。

(3)脚手架拆除应从顶层开始,先拆水平杆,后拆立杆,逐层往下拆除,禁止上下层同时或阶梯形拆除。

(4)连墙拉结件只能拆到该层时方可拆除,禁止在拆架前先拆连墙杆。

(5)局部脚手架如需保留时,应有专项技术措施,经上一级技术负责人批准,安全部门及使用单位验收,办理签字手续后方可使用。

(6)拆除后的部件均应成捆,用吊具送下或人工搬下,禁止从高空往下抛掷。拆除到地面的构配件应及时清理、维护,并分类堆放,以便运输和保管。

三、落地门式钢管脚手架

1. 门式钢管脚手架的构造要求

（1）门架。

①门架跨距应符合现行行业标准《门式钢管脚手架》（JG 13—1999）的规定，并与交叉支撑规格配合。

②门架立杆离墙面净距不宜大于 150mm；大于 150mm 时应采取内挑架板或其他离口防护的安全措施。

（2）配件。

①门架的内外两侧均应设置交叉支撑，并应与门架立杆上的锁销锁牢。

②上、下榀门架的组装必须设置连接棒及锁臂，连接棒直径应小于立杆内径 1～2mm。

③在脚手架的操作层上应连续满铺与门架配套的挂扣式脚手板，并扣紧挡板，防止脚手板脱落和松动。

④水平架设置应符合下列规定：

a. 在脚手架的顶层门架上部、连墙件设置层、防护棚设置处必须设置。

b. 当脚手架搭设高度 $H \leqslant 45m$ 时，沿脚手架高度，水平架应至少两步一设；当脚手架搭设高度 $H > 45m$ 时，水平架应每步一设；不论脚手架多高，均应在脚手架的转角处、端部及间断处的一个跨距范围内每步一设。

c. 水平架在其设置层面内应连续设置。

d. 当因施工需要，临时局部拆除脚手架内侧交叉支撑时，应在拆除交叉支撑的门架上方及下方设置水平架。

e. 水平架可由挂扣式脚手板或门架两侧设置的水平加固杆

代替。

⑤底步门架的立杆下端应设置固定底座或可调底座。

（3）剪刀撑设置。

①脚手架高度超过 20m 时,应在脚手架外侧连续设置。

②剪刀撑斜杆与地面的倾角宜为 45°～60°,剪刀撑宽度宜为 4～8m。

③剪刀撑应采用扣件与门架立杆扣紧。

④剪刀撑斜杆若采用搭接接长,搭接长度不宜小于 600mm,搭接处应采用两个扣件扣紧。

（4）水平加固杆设置。

①当脚手架高度超过 20m 时,应在脚手架外侧每隔四步设置一道,并宜在有连墙件的水平层设置。

②纵向水平加固杆应连续设置,并形成水平闭合圈。

③在脚手架的底步门架下端应加封口杆,门架的内、外两侧应设通长扫地杆。

④水平加固杆应用扣件与门架立杆扣牢。

（5）转角处门架连接。

①在建筑物转角处的脚手架内外两侧应按步设置水平连接杆,将转角处的两门架连成一体(图 2-42)。

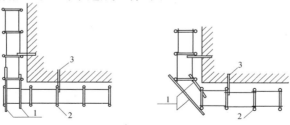

图 2-42　转角处脚手架连接

1—连接钢管;2—门架;3—连墙件

②水平连接杆应采用钢管,其规格应与水平加固杆相同。

③水平连接杆应用扣件与门架立杆及水平加固杆扣紧。

(6)连墙件。

①脚手架必须采用连墙件与建筑物做到可靠连接。连墙件的设置除应满足强度、稳定性等计算要求外,还应满足表 2-9 的要求。

表 2-9　　　　　　　　　　连墙件间距

脚手架搭设高度(m)	基本风压 w_0 (kN/m²)	连墙件的间距(m)	
		竖　　向	水 平 向
≤45	≤0.55	≤6.0	≤8.0
	>0.55	≤4.0	≤6.0
>45	—		

②在脚手架的转角处、不闭合(一字形、槽型)脚手架的两端应增设连墙件,其竖向间距不应大于 4.0m。

③在脚手架外侧因设置防护棚或安全网而承受偏心荷载的部位,应增设连墙件,其水平间距不应大于 4.0m。

④连墙件应能承受拉力与压力,其承载力标准值不应小于10kN;连墙件与门架、建筑物的连接也应具有相应的连接强度。

(7)通道洞口。

①通道洞口高不宜大于两个门架高度,宽不宜大于一个门架跨距。

②通道洞口应按以下要求采取加固措施:当洞口宽度为一个跨距时,应在脚手架洞口上方的内外侧设置水平加固杆,在洞口两个上角加斜撑杆(图 2-43);当洞口宽为两个及两个以上跨距时,应在洞口上方设置经专门设计和制作的托架,并加强洞口两侧的门架立杆。

（8）斜梯。

①作业人员上下脚手架的斜梯应采用挂扣式钢梯，并宜采用"之"字形式，一个梯段宜跨越两步或三步。

②钢梯规格应与门架规格配套，并应与门架挂扣牢固。

③钢梯应设栏杆扶手。

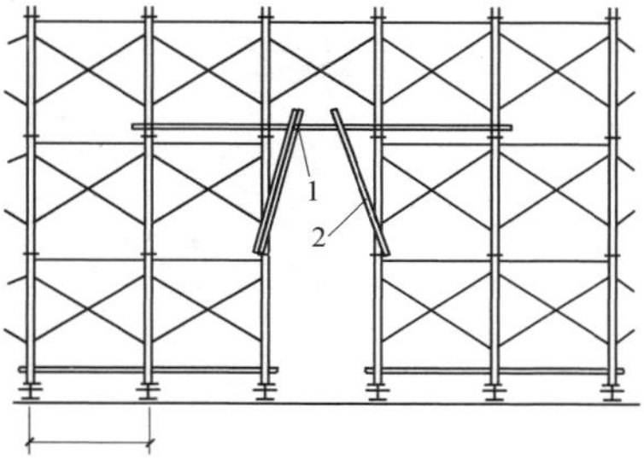

（9）地基与基础。

图 2-43　通道洞口加固示意

1—水平加固杆；2—斜撑杆

①搭设脚手架的场地必须平整坚实，并作好排水，回填土地面必须分层回填，逐层夯实。

②落地式脚手架的基础根据土质及搭设高度可按表 2-10 的要求处理，当土质与表 2-10 不符合时，应按现行国家标准《建筑地基基础设计规范》（GB 50007—2011）的有关规定经计算确定。

表 2-10　　　　　　　　　　地基基础要求

搭设高度/m	地基土质		
	中低压缩性且压缩性均匀	回填土	高压缩性或压缩性不均匀
≤25	夯实原土，干重力密度要求 15.5kN/m³ 立杆底座置于面积不小于 0.075m² 的混凝土垫块或垫木上	土夹石或灰土回填夯实，立杆底座置于面积不小于 0.10m² 混凝土垫块或垫木上	夯实原土，铺设宽度不小于 200mm 的通长槽钢或垫木
26～35	混凝土垫块或垫木面积不小于 0.1m²，其余同上	砂夹石回填夯实，其余同上	夯实原土，铺厚不小于 200mm 砂垫层，其余同上

续表

搭设高度/m	地基土质		
	中低压缩性 且压缩性均匀	回填土	高压缩性或 压缩性不均匀
36～60	混凝土垫块或垫木面积不小于 0.15m² 或铺通长槽钢或垫木,其余同上	砂夹石回填夯实,混凝土垫块或垫木面积不小于0.15m²,或铺通长槽钢或木板	夯实原土,铺150mm 厚道渣夯实,再铺通长槽钢或垫木。其余同上

注:表中混凝土垫块厚度不小于 200mm;垫木厚度不小于 50mm,宽度不小于 200mm。

　　③当脚手架搭设在结构的楼面、挑台上时,立杆底座下应铺设垫板或混凝土垫块,并应对楼面或挑台等结构进行承载力验算。

2. 门式钢管脚手架的搭设原则及顺序

　　(1)门式钢管脚手架的搭设形式与搭设原则。

　　门式钢管脚手架搭设形式通常有两种:一种是每三列门架用两道剪刀撑相连,其间每隔 3～4 榀门架高设一道水平撑;另一种是每隔一列门架用一道剪刀撑和水平撑相连。

　　门式钢管脚手架的搭设应自一端延伸向另一端,由下而上按步架设,并逐层改变搭设方向,以减少架设误差。不得自两端同时向中间进行或相同搭设,以避免接合部位错位,难于连接。脚手架的搭设速度应与建筑结构施工进度相配合,一次搭设高度不应超过最上层连墙杆三步,或自由高度不大于 6m,以保证脚手架的稳定。

　　(2)门式钢管脚手架的搭设顺序。

　　一般门式钢管脚手架的搭设顺序为:

　　铺设垫木(板)→拉线、安放底座→自一端起立门架并随即装交叉支撑(底步架还需安装扫地杆、封口杆)→安装水平架(或脚手板)→安装钢梯(需要时,安装水平加固杆)→装设连墙杆→重复上述步骤逐层向上安装→按规定位置安装剪刀撑→安装顶部栏杆→挂立杆安全网。

3.门式钢管脚手架的搭设

(1)铺设垫木(板)、安放底座。

脚手架的基底必须平整坚实,并铺底座、做好排水,确保地基有足够的承载能力,在脚手架荷载作用下不发生塌陷和显著的不均匀沉降。回填土地面必须分层回填,逐层夯实。

门架立杆下垫木的铺设方式:

当垫木长度为 1.6～2.0m 时,垫木宜垂直于墙面方向横铺;

当垫木长度为 4.0m 时,垫木宜平行于墙面方向顺铺。

(2)立门架、安装交叉支撑、安装水平架或脚手板。

在脚手架的一端将第一榀和第二榀门架立在 4 个底座上后,纵向立即用交叉支撑连接两榀门架的立杆,门架的内外两侧安装交叉支撑,在顶部水平面上安装水平架或挂扣式脚手板,搭成门式钢管脚手架的一个基本结构。以后每安装一榀门架,及时安装交叉支撑、水平架或脚手板,依次按此步骤沿纵向逐榀安装搭设。在搭设第二层门架时,人就可以站在第一层脚手板上操作,直至最后完成。

①门架搭设要求。不同规格的门架不得混用;同一脚手架工程,不配套的门架与配件也不得混合使用。

门架立杆离墙面的净距不宜大于 150mm,大于 150mm 时,应采取内挑架板或其他防护的安全措施。不用三角架时,门架的里立杆边缘距墙面 50～60mm,见图 2-44(a);用三角架时,门

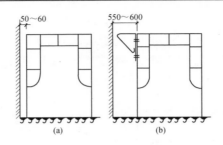

图 2-44　门架里立杆的离墙距离

架里立杆距墙面 550～600mm,见图 2-44(b)。

底步门架的立杆下端应设置固定底座或可调底座。

②交叉支撑。门架的内外两侧均应设置交叉支撑,其尺寸应与门架间距相匹配,并应与门架立杆上的锁销销牢。

③水平架。在脚手架的顶层门架上部、连墙件设置层、防护棚设置层必须连续设置水平架。

脚手架高度 $H < 45m$ 时,水平架至少两步一设;$H > 45m$ 时,水平架应每步一设。不论脚手架高度如何,在脚手架的转角处、端部及间断处的一个跨距范围内,水平架均应每步一设。

水平架可由挂扣式脚手板或门架两侧的水平加固杆代替。

④脚手板。第一层门架顶面应铺设一定数量的脚手板,以便在搭设第二层门架时,施工人员可站在脚手板上操作。

在脚手架的操作层上应连续满铺与门架配套的挂扣式脚手板,并扣紧挂扣,用滑动挡板锁牢,防止脚手板脱落或松动。

采用一般脚手板时,应将脚手板与门架横杆用钢丝绑牢,严禁出现探头板,并沿脚手架高度每步设置一道水平加固杆或设置水平架,加强脚手架的稳定。

⑤安装封口杆、扫地杆。在脚手架的底步门架立杆下端应加封口杆、扫地杆。封口杆是连接底步门架立杆下端的横向水

平杆件,扫地杆是连接底步门架立杆下端的纵向水平杆件。扫地杆应安装在封口杆下方。

⑥脚手架垂直度和水平度的调整。脚手架的垂直度(表现为门架竖管轴线的偏移)和水平度(架平面方向和水平方向)对于确保脚手架的承载性能至关重要(特别是对于高层脚手架)。门式脚手架搭设的垂直度和水平度允许偏差见表 2-11。

表 2-11　　　　门式钢管脚手架搭设的垂直度和水平度允许偏差

项目		允许偏差/mm
垂直度	每步架	$h/1000$ 及 ±2.0
	脚手架整体	$H/600\pm50$
水平度	一跨距内水平架两端高差	$\pm l/600$ 及 ±3.0
	脚手架整体	$\pm H/600$ 及 ±50

注:h—步距;H—脚手架高度;l—跨距;L—脚手架长度。

其注意事项为:严格控制首层门型架的垂直度和水平度。在装上以后要逐片地、仔细地调整好,使门架立杆在两个方向的垂直偏差都控制在 2mm 以内,门架顶部的水平偏差控制在 3mm 以内。随后在门架的顶部和底部用大横杆和扫地杆加以固定。搭完一步架后应按规范要求检查并调整其水平度与垂直度。接门架时上下门架立杆之间要对齐,对中的偏差不宜大于 3mm。同时注意调整门架的垂直度和水平度。另外,应及时装设连墙杆,以避免架子发生横向偏斜。

⑦转角处门架的连接。脚手架在转角之处必须作好连接和与墙的拉结,以确保脚手架的整体性,处理方法为:在建筑物转角处的脚手架内、外两侧按步设置水平连接杆,将转角处的两门架连成一体,见图 2-45。水平连接杆必须步步设置,以使脚手架在建筑物周围形成连续闭合结构,或者利用回转扣直接把两片

门架的竖管扣结起来。

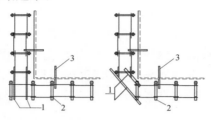

图 2-45 转角处脚手架连接

1—连接钢管；2—门架；3—连墙杆

水平连接杆钢管的规格应与水平面加固杆相同，以便于用扣件连接。

水平连接杆应采用扣件与门架立杆及水平加固杆扣紧。

另外，在转角处适当增加连墙件的布设密度。

(3)斜梯安装。

作业人员上下脚手架的斜梯应采用挂扣式钢梯，钢梯的规格应与门架规格配套，并与门架挂扣牢固。

脚手架的斜梯宜采用"之"字形式，一个梯段宜跨越两步或三步，每隔四步必须设置一个休息平台。斜梯的坡度应在 30°以内，见图 2-46。斜梯应设置护栏和扶手。

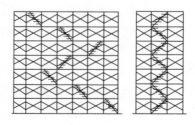

图 2-46 上人楼梯段的设置形式

(4)安装水平加固杆。

门式钢管脚手架中,上、下门架均采用连接棒连接,水平杆件采用搭扣连接,斜杆采用锁销连接,这些连接方法的紧固性较差,致使脚手架的整体刚度较差,在外力作用下,极易发生失稳。因此必须设置一些加固件,以增强脚手架刚度。门式脚手架的加固件主要有:剪刀撑、水平加固杆件、扫地杆、封口杆、连墙件,见图 2-47,沿脚手架内外侧周围封闭设置。

水平加固杆是与墙面平行的纵向水平杆件。为确保脚手架搭设的安全,以及脚手架整体的稳定性,水平加固杆必须随脚手架的搭设同步搭设。

当脚手架高度超过 20m 时,为防止发生不均匀沉降,脚手架最下面 3 步可以每步设置一道水平加固杆(脚手架外侧),3步以上每隔 4 步设置一道水平加固杆,并宜在有连墙件的水平层连续设置,以形成水平闭合圈,对脚手架起环箍作用,增强脚手架的稳定性。水平加固杆采用 $\phi48$ 钢管用扣件在门架立杆的内侧与立杆扣牢。

(5)设置连墙件。

为避免脚手架发生横向偏斜和外倾,加强脚手架的整体稳定性、安全可靠性,脚手架必须设置连墙件。

连墙件的搭设按规定间距必须随脚手架搭设同步进行不得漏设,严禁滞后设置或搭设完毕后补做。

连墙件由连墙件和锚固件组成,其构造因建筑物的结构不同有夹固式、锚固式和预埋连墙件几种方法,见图 2-47。

连墙件的最大间距,在垂直方向为 6m,在水平方向为 8m。一般情况下,连墙件竖向每隔三步,水平方向每隔 4 跨设置一个。高层脚手架应适当增加布设密度,低层脚手架可适当减少布设密度,连墙件间距规定应满足表 2-9 的要求。

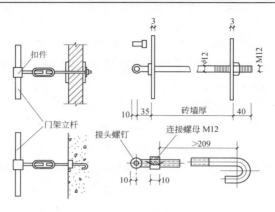

图 2-47　连墙件构造

连墙件应能承受拉力与压力,其承载力标准值不应小于10kN;连墙件与门架、建筑物的连接也应具有相应的连接强度。

连墙件宜垂直于墙面,不得向上倾斜,连墙件埋入墙身的部分必须锚固可靠。

连墙件应连于上、下两榀门架的接头附近,靠近脚手架中门架的横杆设置,其距离不宜大于 200mm。

在脚手架外侧因设置防护棚或安全网而承受偏心荷载的部位应增设连墙件,且连墙件的水平间距不应大于 4.0m。

脚手架的转角处,不闭合(一字形、槽形)脚手架的两端应增设连墙件,且连墙件的竖向间距不应大于 4m,以加强这些部位与主体结构的连接,确保脚手架的安全工作。

当脚手架操作层高出相邻连墙件以上两步时,应采用确保脚手架稳定的临时拉结措施,直到连墙件搭设完毕后方可拆除。

加固件、连墙件等与门架采用扣件连接时,扣件规格应与所连钢管外径相匹配;扣件螺栓拧紧扭力矩宜为 50～60N·m,并不得小于 40N·m。各杆件端头伸出扣件盖板边缘长度不应小于 100mm。

(6)搭设剪刀撑。

为了确保脚手架搭设的安全,以及脚手架的整体稳定性,剪刀撑必须随脚手架的搭设同步搭设。

剪刀撑采用 φ48mm 钢管,用扣件在脚手架门架立杆的外侧与立杆扣牢,剪刀撑斜杆与地面倾角宜为 45°～60°,宽度一般为 4～8m,自架底至顶连续设置。剪刀撑之间净距不大于 15m,见图 2-48。

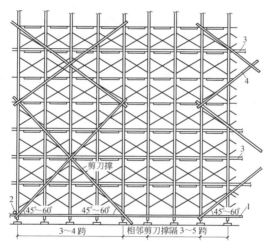

图 2-48　剪刀撑设置

1—纵向扫地杆;2—横向封口杆;3—水平加固杆;4—剪刀撑

剪刀撑斜杆若采用搭接接长,搭接长度不宜小于 600mm,且应采用两个扣件扣紧。

脚手架的高度 $H>20$m 时,剪刀撑应在脚手架外侧连续设置。

(7)门架竖向组装。

上、下榀门架的组装必须设置连接棒和锁臂,其他部件(如栈桥梁等)则按其所处部位相应及时安装。

搭第二步脚手架时,门架的竖向组装、接高用连接棒。连接棒直径应比立杆内径小 1~2mm,安装时连接棒应居中插入上、下门架的立杆中,以使套环能均匀地传递荷载。

连接棒采用表面油漆涂层时,表面应涂油,以防使用期间锈蚀,拆卸时难以拔出。

门式脚手架高度超过 10m 时,应设置锁臂,如采用自锁式弹销式连接棒时,可不设锁臂。

锁臂是上、下门架组成接头处的拉结部件,用钢片制成,两端钻有销钉孔,安装时将交叉支撑和锁臂先后锁销,以限制门架及连接棒拔出。

连接门架与配件的锁臂、搭钩必须处于锁住状态。

(8)通道洞口的设置。

通道洞口高不宜大于 2 个门架高,宽不宜大于 1 个门架跨距,通道洞口应采取加固措施。

当洞口宽度为 1 个跨距时,应在脚手架洞口上方的内、外侧设置水平加固杆,在洞口两个上角加设斜撑杆,见图 2-49。当洞口宽为两个及两个以上跨距时,应在洞口上方设置水平加固杆及专门设计和制作的托架,并在洞口两侧加强门架立杆,见图 2-50。

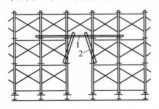

图 2-49　通道洞口加固示意
1—水平加固管;2—斜撑杆

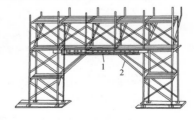

图 2-50　宽通道洞口加固示意
1—托架梁;2—斜撑杆

(9)安全网、扶手安装。

安全网及扶手等设置参照扣件式脚手架。

4.门式钢管脚手架的拆除

门式钢管脚手架的拆除应满足以下要求：

(1)脚手架经单位工程负责人检查验证并确认不再需要时，方可拆除。

(2)拆除脚手架前，应清除脚手架上的材料、工具和杂物。

(3)拆除脚手架时，应设置警戒区和警戒标志，并由专职人员负责警戒。

(4)脚手架的拆除应在统一指挥下，按后装先拆、先装后拆的顺序及下列安全作业的要求进行：

①脚手架的拆除应从一端走向另一端、自上而下逐层地进行。

②同一层的构配件和加固件应按先上后下、先外后里的顺序进行，最后拆除连墙件。

③在拆除过程中，脚手架的自由悬臂高度不得超过两步，当必须超过两步时，应加设临时拉结。

④连墙杆、通长水平杆和剪刀撑等，必须在脚手架拆卸到相关的门架时方可拆除。

⑤工人必须站在临时设置的脚手板上进行拆卸作业，并按规定使用安全防护用品。

⑥拆除工作中，严禁使用榔头等硬物击打、撬挖，拆下的连接棒应放入袋内，锁臂应先传递至地面并放室内堆存。

⑦拆卸连接部件时，应先将锁座上的锁板与卡钩上的锁片旋转至开启位置，然后开始拆除，不得硬拉，严禁敲击。

⑧拆下的门架、钢管与配件，应成捆用机械吊运或由井架传

送至地面,防止碰撞,严禁抛掷。

四、悬挑脚手架

1.悬挑脚手架的搭设要求和顺序

（1）悬挑脚手架的搭设技术要求。

外挑式扣件钢管脚手架与一般落地式扣件钢管脚手架的搭设要求基本相同。高层建筑采用分段外挑脚手架时,脚手架的技术要求,见表 2-13。

表 2-13　　　　　　　　分段式外挑脚手架技术要求

允许荷载 /(N/m²)	立杆最大间距 /mm	纵向水平杆 最大间距 /mm	横向水平杆间距/mm		
			脚手板厚度/mm		
			30	43	50
1000	2700	1350	2000	2000	2000
2000	2400	1200	1400	1400	1750
3000	2000	1000	2000	2000	2200

（2）支撑杆式挑脚手架搭设顺序：

水平横杆→纵向水平杆→双斜杆→内立杆→加强短杆→外立杆→脚手板→栏杆→安全网→上一步架的横向水平杆→连墙杆→水平横杆与预埋环焊接。

按上述搭设顺序一层一层搭设,每段搭设高度以 6 步为宜,并在下面支设安全网。

脚手架的搭设方法是预先拼装好一定的高度的双排脚手架,用塔吊吊至使用位置后,用下撑杆和上撑杆将其固定。

（3）挑梁式脚手架搭设顺序。

安置型钢挑梁(架)→安装斜撑压杆、斜拉吊杆(绳)→安放纵向钢梁→搭设脚手架或安放预先搭好的脚手架。

每段搭设高度以 12 步为宜。

▶ 2. 施工要点

(1)连墙杆的设置。

根据建筑物的轴线尺寸,在水平方向应每隔 3 跨(隔 6m)设置一个,在垂直方向应每隔 3～4m 设置一个,并要求各点互相错开,形成梅花状布置。

(2)连墙杆的做法。

在钢筋混凝土结构中预埋铁件,然后用∟100×63×10 的角钢一端与预埋件焊接,另一端与连接短管用螺栓连接,见图2-51。

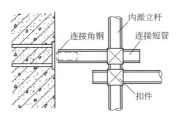

图 2-51　连墙杆做法

(3)垂直控制。

搭设时,要严格控制分段脚手架的垂直度,垂直度偏差:

第一段不得超过 1/400;

第二段、第三段不得超过 1/200。

脚手架的垂直度要随搭随检查,发现超过允许偏差时,应及时纠正。

(4)脚手板铺设。

脚手架的底层应满铺厚木脚手板,其上各层可满铺薄钢板冲压成的穿孔轻型脚手板。

（5）安全防护措施。

脚手架中各层均应设置护栏、踢脚板和扶梯。

脚手架外侧和单个架子的底面用细目安全网封闭，架子与建筑物要保持必要的通道。

（6）挑梁式挑脚手架立杆与挑梁（或纵梁）的连接，应在挑梁（或纵梁）上焊 150～200mm 长钢管，其外径比脚手架立杆内径小 1.0～1.5mm，用接长扣件连接，同时在立杆下部设 1～2 道扫地杆，以确保架子的稳定。

（7）悬挑梁与墙体结构的连接，应预先预埋铁件或留好孔洞，保证连接可靠，不得随便打凿孔洞，破坏墙体。各支点要与建筑物中的预埋件连接牢固。挑梁、拉杆与结构的连接可参考见图 2-52、图 2-53 所示的方法。

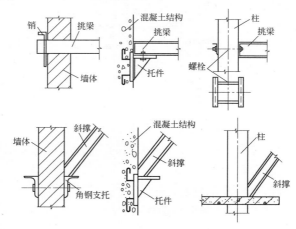

图 2-52　下撑式挑梁与结构的连接

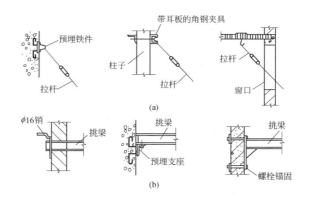

图 2-53　斜拉式挑梁与结构的连接

(a)斜拉杆与结构连接方式;(b)悬挑梁的连接方式

(8)斜拉杆(绳)应装有收紧装置,以使拉杆收紧后能承担荷载。

五、吊篮脚手架

1.吊篮脚手架的搭设

(1)搭设顺序。

确定支承系统的位置→安置支承系统→挂上吊篮绳及安全绳→组装吊篮→安装提升装置→穿插吊篮绳及安全绳→提升吊篮→固定保险绳。

(2)电动吊篮施工要点。

①电动吊篮在现场组装完毕,经检查合格后,运到指定位置,接上钢丝绳和电源试车,同时由上部将吊篮绳和安全绳分别插入提升机构及安全锁中,吊篮绳一定要在提升机运行中插入。

②接通电源时,要注意电动机运转方向,使吊篮能按正确方

向升降。

③安全绳的直径不小于 12.5mm,不准使用有接头的钢丝绳,封头卡扣不少于 3 个。

④支承系统的挑梁采用不小于 14 号的工字钢。挑梁的挑出端应略高于固定端。挑梁之间纵向应采用钢管或其他材料连接成一个整体。

⑤吊索必须从吊篮的主横杆下穿过,连接夹角保持 45°,并用卡子将吊钩和吊索卡死。

⑥承受挑梁拉力的预埋铁环,应采用直径不小于 16mm 的圆钢,埋入混凝土的长度大于 360mm,并与主筋焊接牢固。

(2)吊篮脚手架拆除。

吊篮脚手架拆除顺序为:

将吊篮逐步降至地面→拆除提升装置→抽出吊篮绳→移走吊篮→拆除挑梁→解掉吊篮绳、安全绳→将挑梁及附件吊送到地面。

2. 吊篮脚手架的检查与验收

无论是手动吊篮还是电动吊篮,搭设完毕后都要由技术、安全等部门依据规范和设计方案进行验收,验收合格后方可使用。

在吊篮脚手架使用前,必须进行如下项目的检查,检验合格后方可使用。

(1)屋面支承系统的悬挑长度是否符合设计要求,与结构的连接是否牢固可靠,配套的位置和配套量是否符合设计要求。

(2)检查吊篮绳、安全绳、吊索。

(3)五级及五级以上大风及大雨、大雪后应进行全面检查。

3. 吊篮的安全管理

（1）吊篮组装前施工负责人、技术负责人要根据工程情况编制吊篮组装施工方案和安全措施，并组织验收。

（2）组装吊篮所用的料具要认真验选。用焊件组合的吊篮，焊件要经技术部门检验合格，方准使用。

（3）吊篮脚手架使用荷载不准超过 $120kg/m^2$（包括人体重）。吊篮上的人员和材料要对称分布，不得集中在一头，保证吊篮两端负载平衡。

（4）吊篮脚手架提升时，操作人员不准超过 2 人。

（5）严禁在吊篮的防护以外和护头棚上作业，任何人不准擅自拆改吊篮，因工作需要必须改动时，要将改动方案报技术、安全部门和施工负责人批准后，由架子工拆改，架子工拆改后经有关部门验收后，方准使用。

（6）五级大风天气，严禁作业。在大风、大雨、大雪等恶劣天气过后，施工人员要全面检查吊篮，保证安全使用。

六、爬架

附着式升降脚手架（简称爬架）是一种专门用于高层建筑施工的脚手架，一般由架体结构（支架）、提升（爬升）系统、动力及控制设备、安全设备等组成。

1. 导轨式爬架的搭设

导轨式爬架搭设必须严格按照设计要求进行。

导轨式爬架应在操作工作平台上进行搭设组装。工作平台面应低于楼面 300～400mm，高空操作时，平台应有防护措施。脚手架架体可采用碗扣式或扣件式钢管脚手架，其搭设方法和要求与常规搭设基本相同。

（1）选择安装起始点、安放起始点，安放提升滑轮组并搭设底部架子。脚手架安装的起始点一般选在爬架的爬升机构位置不需要调整的地方，见图 2-54。

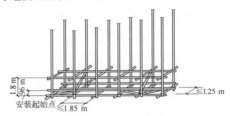

图 2-54 底部架子搭设

安装提升滑轮组，并和架子中与导轨位置相对应的立杆连接，并以此立杆为准（向一侧或两侧）依次搭设底部架。

脚手架的步距为 1.8m，最底一步架增设一道纵向水平杆，距底的距离为 600mm，跨距不大于 1.85m，宽度不大于 1.25m。

最底层应设置纵向水平剪刀撑以增强脚手架承载能力，与提升滑轮组相连（即与导轨位置）相对应的立杆一般为位于脚手架端部的第二根立杆，此处要设置从底到顶的横向斜杆。

底部架搭设后，对架子应进行检查、调整。具体要求如下：

横杆的水平度偏差不大于 $L/400$（L—脚手架纵向长度）；

立杆的垂直度偏差小于 $H/500$（H—脚手架高度）；

脚手架的纵向直线度偏差小于 $L/200$。

（2）脚手架（架体）搭设。随着工程进度，以底部架子为基础，搭设上部脚手架。

与导轨位置相对应的横向承力框架内沿全高设置横向斜

杆,在脚手架外侧沿全高设置剪刀撑;在脚手架内侧安装爬升机械的两立杆之间设置剪刀撑,见图2-55。

脚手板、扶手杆除按常规要求铺放外,底层脚手板必须用木脚手板或者用无网眼的钢脚手板密铺,并要求横向铺至建筑物外墙,不留间隙。

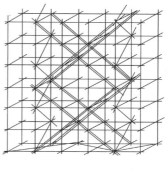

图 2-55　框架内横向斜杆设置

脚手架外侧满挂安全网,并要求从脚手架底部兜过来,将安全网固定在建筑物上。

(3)安装导轮组、导轨。在脚手架(架体)与导轨相对应的两根立杆上,上、下各安装两组导轮组,然后将导轨插进导轮和见图2-56提升滑轮组下的导孔中,导轨与架体连接见图2-57。

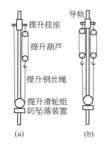

图 2-56　提升机构
(a)滑轮组安装;(b)插入导轨

图 2-57　导轨与架体连接

在建筑物结构上安装连墙挂板、连墙支杆、连墙支座杆,再将导轨与连墙支座连接,见图2-58。

当脚手架(支架)搭设到两层楼高时即可安装导轨,导轨底部(下端)应低于支架 1.5m 左右,每根导轨上相同的数字应处于同一水平上。

两根连墙杆之间的夹角宜控制在 45°~150°内,用调整连墙杆的长短来调整导轨的垂直度,偏差控制在 $H/400$ 以内。

(4)安装提升挂座、提升葫芦、斜拉钢丝绳、限位器。将提升挂座安装在导轨上(上面一组导轮组下的位置),再将提升葫芦挂在提升挂座上,图 2-56(a)是只一侧挂提升葫芦,另一侧挂钢丝绳,图 2-56(b)是每侧一个。

钢丝绳下端固定在支架立杆的下碗扣底部,上部用在花篮螺栓挂在连墙挂板上,挂好后将钢丝绳拉紧。

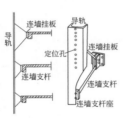

图 2-58　导轨与结构联结

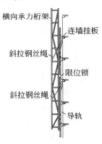

图 2-59　限位锁设置

若采用电动葫芦,则在脚手架上搭设电控柜操作台,并将电缆线布置到每个提升点,同电动葫芦连接好(注意留足电缆线长度)。

限位锁固定在导轨上,并在支架立杆的主节点下碗扣底部安装限位锁夹,见图 2-59。

2.爬架的搭设检查

(1)导轨式爬架安装完毕后。

①扣件接头是否锁(扣)紧。

②导轨的垂直度是否符合要求。

③葫芦是否拴好,有无翻链扭曲现象,电控柜及电动葫芦连接是否正确。

④障碍物是否清除干净。

⑤约束是否解除。

⑥操作人员是否到位。

经检查合格后,方可进行升降作业。

（2）上升。

①以同一水平位置的导轨为基准,记下导轨上导轮所在位置（导轨上的孔位和数字）。

②启动葫芦,使架体（支架）沿导轨均匀平稳上升,一直升至所定高度（第一次爬升距离一般不大于 500mm）后,将斜拉钢丝绳挂在上一层连墙挂板上,并将限位锁锁住导轨和立杆;再松动并摘下葫芦,将提升挂座移至上部位置,把葫芦挂上,并将下部已导滑出的导轨拆下安装到顶部。

（3）下降。

与上升操作相反,先将提升挂座挂在下面一组导轮的上方位置上,待支架下降到位后,再将上部导轨拆下,安装到底部。

注意:上升或下降过程中应注意观察各提升点的同步性,当高差超过 1 个孔位（100mm）时,应停机调整。

（4）安全生产检查评分表。

建筑工地生产检查时,对导轨式爬架的安全检查评分要求见表 2-14。

表 2-14　　附着式升降脚手架(整体提升架或爬架)检查表

序号	检查项目		扣分标准	应得分数	扣减分数	实得分数
1	主控项目	使用条件	未经相关部门组织鉴定并发放生产和使用证的产品,扣10分; 不具有当地建筑安全监督管理部门发放的准用证,扣10分; 无专项施工组织设计,扣10分; 安全施工组织设计未经上级技术部门审批的,扣10分; 各工种无操作规程的,扣10分	10		
2		设计计算	无设计计算书的,扣10分 设计计算书未经上级技术部门审批的扣10分; 设计荷载未按承重架3.0kN/m²,装饰架2.0kN/m²,升降状态0.5kN/m²取值的扣10分; 压杆长细比大于150,受拉杆件的长细比大于300的扣10分; 主框架、支撑框架(桁架)各节点的各杆件轴线不汇交于一点的扣6分; 无完整的制作安装图的扣10分	10		
3	主控项目	架体构造	无定型(焊接或螺栓连接)的主框架的扣10分; 相邻两主框架之间的架体无定型(焊接或螺栓连接)的支撑框架(桁架)的扣10分; 主框架间脚手架的立杆不能将荷载直接传递到支撑框架上的扣10分; 架体未按规定构造搭设的扣10分; 架体上部悬臂部分大于架体高度的1/3,且超过4.5m的扣8分; 支撑框架未将主框架作为支座的扣10分	10		

序号	检查项目		扣分标准	应得分数	扣减分数	实得分数
4	主控项目	附着支撑	主框架杆未与每个楼层设置连接点的扣10分； 钢挑架与预埋钢筋环连接不严密的扣10分； 钢挑架上的螺栓与墙体连接不牢固或不符合规定的扣10分； 钢挑架焊接不符合要求的扣10分	10		
5		升降装置	无同步升降装置或有同步升降装置但达不到同步升降的扣10分； 索具、吊具达不到6倍安全系数的扣10分； 有两个以上吊点升降时，使用手拉葫芦(捯链)的扣10分； 升降时架体只有一个附着支撑装置的扣10分； 升降时架体上站人的扣10分	10		
6		防坠落、导向防倾斜装置	无防坠装置的扣10分； 防坠装置设在与架体升降的同一个附着支撑装置上，且无两处以上的扣10分； 无垂直导向和防止左右，前后倾斜的防倾装置的扣10分； 防坠装置不起作用的扣7～10分	10		
		小计		60		
7	一般项目	分段验收	每次提升前，无具体的检查记录的扣6分； 每次提升后，使用前无验收手续或资料不全的扣7分	10		
8		脚手板	脚手板铺设不严不牢的扣3～5分； 离墙空隙未封严的扣3～5分； 脚手板材质不符合要求的扣3～5分	10		
9		防护	脚手架外侧使用的密目式安全网不合格的扣10分； 操作层无防护栏杆的扣8分； 外侧封闭不严的扣5分； 作业层下方封闭不严的扣5～7分	10		

续表

序号	检查项目		扣分标准	应得分数	扣减分数	实得分数
10	一般项目	操作	不按施工组织设计搭设的扣10分； 操作前未向现场技术人员和工人进行安全交底的扣10分； 作业人员未经培训、未持证上岗又未定岗位的扣7~10分； 安装、升降、拆除时无安全警戒线的扣10分； 荷载堆放不均匀的扣5分； 升降时架体上有超过2000N重的设备的扣10分	10		
		小计		40		
检查项目合计				100		

七、搭设外脚手架用料量估算

🔖 1. 扣件式钢管脚手架

搭设扣件式钢管脚手架用料量估算，见表2-15。

表2-15　　　　扣件式钢管脚手架用料量参考表（1000m² 墙面）

材料名称	单位	墙高 20m		墙高 10m	
		单排	双排	单排	双排
1. 钢管					
立杆	m	546	1092	583	1166
顺水杆	m	805	1560	834	1565
排木	m	924	882	998	897
剪刀撑	m	183	183	100	100
小计	m	2458	3717	2515	3728
钢管重量	kN	94.4	142.7	96.6	143.2
2. 扣件					
直角扣件	个	908	1688	943	1685
回转扣件	个	75	75	40	40
对接扣件	个	206	404	189	361
底座	个	26	52	53	106

续表

材料名称	单位	墙高 20m		墙高 10m	
		单排	双排	单排	双排
小计	个	1215	2219	1225	2193
扣件重量	kN	16.3	29.8	16.5	29.7
3. 钢材用量	kN	116.7	172.5	113.1	172.9

注：1. 脚手架构造：立杆纵向间距 2m，横向间距 1.5m（单排离墙面 1.4m），顺水杆间距 1.3m（最下一步 1.8m）；高 20m 者搭 15 步 25 跨，设剪刀撑 3 道，高 10m 者搭 7 步 52 跨，设剪刀撑 4 道。

　　2. 扣件每个重量：直角扣件为 12.5N，回转扣件为 15N，对接扣件为 16N。

　　3. 底座用 8mm 厚钢板和 ϕ60mm×3.5mm 钢管焊接，每个重 21.4N。

　　4. 顺水杆中包括栏杆。

　　5. 钢管内径为 40mm，外径为 48mm，壁厚 3.5mm，每米重 38N。

 2. 扣件式组合脚手架

搭设扣件式组合脚手架用料量估算，见表 2-16。

表 2-16　　　扣件式组合脚手架用料量参考表（1000m² 墙面）

材料名称	单位	墙高 20m	墙高 10m	备注
1. 钢管				
立杆	m	574	736	ϕ48mm×3.5mm
顺水大横杆	m	624	413	
排木小横杆	m	1026	1146	
剪刀撑、斜撑	m	375	386	
小计	m	2599	2681	
钢管重量	kN	99.8	103	
2. 扣件				
直角扣件	个	1136	1072	每个重 12.5N
回转扣件	个	140	168	每个重 15N
对接扣件	个	96	64	每个重 16N
底座	个	32	64	每个重 21.4N
小计	个	1404	1368	
扣件重量	kN	18.5	18.3	
3. 框架	kN	9.2	18.4	6m 型钢桁架每个用
4. 钢材用量	kN	127.5	139.7	钢量为 1534N

3. 框式钢管脚手架

搭设框式钢管脚手架用料量估算,见表 2-17。

表 2-17　　　　框式钢管脚手架用料量参考表(1000m² 墙面)

材料名称	单位	用料量					
		门形脚手架			梯形脚手架		
		每件重量/N	件数	总重量/N	每件重量/N	件数	总重量/N
框架	榀	337.3	270	91070	344.1	270	92910
剪刀撑	副	71.8	270	19390	71.8	19390	19390
水平撑	根	28.1	504	14160	28.1	504	14160
栏杆	副				107.4	15	1510
栏杆立柱	根	40.2	30	1210			
栏杆横杆	根	26.4	58	1530	26.7	28	750
三角架	个	44	30	1320	44	30	1320
底座	个	27.5	60	1650	38.6	60	2320
连接螺栓	个	0.9	1080	970	0.9	1080	970
合计	N			131300			133330

注:1. 剪刀撑每 2 根为一副;

2. 三角架包括挂钩。

4. 木脚手架

搭设木脚手架用料量估算,见表 2-18。

表 2-18　　　　　　木脚手架用料量参考表（1000m² 墙面）

材料名称	单位	用料量				备注
		墙高 20m		墙高 10m		
		单排	双排	单排	双排	
杉杆:梢径 7cm,长 6m	根			202	338	立杆、剪刀撑用
梢径 7cm,长 8m	根	153	258			立杆、剪刀撑用
梢径 8cm,长 8m	根	119	231	126	238	顺水杆用
木杆:梢径 8cm,长 2m	根	594	594	611	611	顺水杆用
木材合计	m³	31.6	51.8	29.8	48	
8 号钢丝	N	2760	5170	2910	5310	

注:1. 表中所列木脚手架构造方式:立杆纵间距为 1.5m;立杆横向间距双排为 1m,单排立杆距墙面 1.5m;顺水杆步距为 1.2m,操作层排木间距为 0.75m。

2. 墙高 20m 者搭设 16 步 34 跨,墙高 10m 者搭设 8 步 67 跨。

 ## 5. 竹脚手架

搭设竹脚手架用料量估算,见表 2-19。

表 2-19　　　　　　竹脚手架用料量参考表（1000m² 墙面）

材料名称	单位	用料量				备注
		墙高 20m		墙高 10m		
		单排	双排	单排	双排	
毛竹:梢径 7.5cm. 长 6m	根		1028		1035	立杆、顺水杆、剪刀撑用
梢径 9cm,长 2m	根		594		611	
竹篾:长 2.5～2.7m,每把6～7 根	把		3350		3270	排木用

注:1. 表列竹脚手架构造方式;立杆纵向间距为 1.5m,立杆横向间距为 1m;顺水杆步距为 1.2m;操作层排木间距为 0.75m。

2. 墙高 20m 者搭设 16 步 34 跨,墙高 10m 者搭 8 步 67 跨。

6.角钢脚手架

搭设角钢脚手架用料量估算,见表 2-20。

表 2-20　　　　　　　角钢脚手架用料量参考表(1000m² 墙面)

材料名称	用料量				备注
	单位	每件重量/N	件数	总重量/N	
立杆 3.88m	根	175.7	260	45680	
短立杆 2.33m	根	95.4	13	1240	
顺水杆 2m	根	101.9	500	50950	
排木 1.2m	根	56.6	285	16130	
栏杆 2m	根	101.9	25	2550	
斜撑	根	211.2	45	9500	
三角架	个	22.6	26	590	
底座	个	20.9	52	1090	
合计				127730	
其中					
角钢∟50×5				43130	
角钢∟75×50×5				64070	
━50×5				9700	

注:1.1000m² 墙面,高 20m 的脚手架按双排 11 步 25 跨计算;

　　2. 每件重量已包括焊铁件在内;

　　3. 斜撑按"之"字单肢布置,用 ϕ48mm×3.5mm 钢管。

八、模板支撑架

1.扣件式钢管支撑架

扣件式钢管支撑架采用扣件式钢管脚手架的杆、配件搭设。

(1)施工准备。

①支撑架搭设的准备工作。场地清理平整、定位放线、底座

安放等均与脚手架搭设时相同。

②立杆布置。扣件式钢管支撑架立杆间距一般应通过计算确定,通常取 1.2～1.5m,不得大于 1.8m。对较复杂的工程,须根据建筑结构的主梁、次梁、板的布置,模板的配板设计、装拆方式,纵、横楞的安排等情况,画出支撑架立杆的布置图。

(2)支撑架搭设。

①立杆的接长。扣件式支撑架的高度可根据建筑物的层高而定,立杆的接口,可采用对接或搭接连接。

对接连接方式见图 2-60。

支撑架立杆采用对接扣件连接时,在立杆的顶端安插一个顶托,被支撑的模板荷载通过顶托直接作用在立杆上。特点是荷载偏心小,受力性能好,能充分发挥钢管的承载力。通过调节可调底座或可调顶托,可在一定范围内调整立杆总高度,但调节幅度不大。搭接连接方式见图2-61。

图 2-60　立杆对接连接

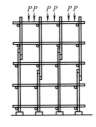

图 2-61　立杆搭接连接

采用回转扣件,搭接长度不得小于 600mm。模板上的荷载作用在支撑架顶层的横杆上,再通过扣件传到立杆。

特点是荷载偏心大,且靠扣件传递,受力性能差,钢管的承载力得不到充分发挥。但比较容易调整立杆的总高度。

②水平拉结杆设置。为加强扣件式支撑架的整体稳定性,

必须在支撑架立杆之间纵、横两个方向均设置扫地杆和水平拉结杆。各水平拉结杆的间距(步高)一般不大于 1.6m。

一扣件式满堂支撑架水平拉结杆布置的实例——梁板结构模板支撑架,见图 2-62。

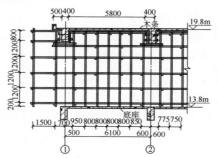

图 2-62　梁板结构模板支撑架

扣件式满堂支架中水平拉结杆布置的另一实例——密肋楼盖模板支撑架,见图 2-63。

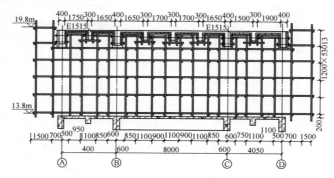

图 2-63　密肋楼盖模板支撑架

③斜杆设置。为保证支撑架的整体稳定性,在设置纵、横向水平拉结杆同时,还必须设置斜杆,具体搭设时可采用刚性斜撑

或柔性斜撑。

a. 刚性斜撑:刚性斜撑以钢管为斜撑,用扣件将它们与支撑架中的立杆和水平杆连接,见图 2-64。

b. 柔性斜撑:柔性斜撑采用钢筋、铅丝、铁链等材料,必须交叉布置,并且每根拉杆中均要设置花篮螺栓,见图 2-65,以保证拉杆不松弛。

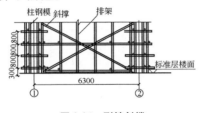

图 2-64 刚性斜撑

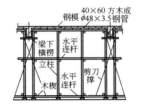

图 2-65 柔性斜撑

2. 碗扣式钢管支撑架

碗扣式钢管支撑架采用碗扣式钢管脚手架系列构件搭设。目前广泛应用于现浇钢筋混凝土墙、柱、梁、楼板、桥梁、地道桥和地下行人道等工程。

在高层建筑现浇混凝土结构施工中,常将碗扣式钢管支撑架与早拆模板体系配合使用。

(1)碗扣式钢管支撑架构造。

①一般碗扣式支撑架。碗扣式钢管脚手架系列构件,可以根据需要组装成不同组架密度、不同组架高度的支撑架,其一般组架结构见图 2-66。由立杆垫座(或立杆可调座)、立杆、顶杆、可调托撑以及横杆和斜杆(或斜撑、剪刀撑)等组成。使用不同长度的横杆可组成不同立杆间距的支撑架,基本尺寸见表 2-21,支撑架中框架单元的框高应根据荷载等因素进行选择。当所需要的立杆间距与标准横杆长度(或现有横杆长度)不符时,可采

用两组或多组组架交叉叠合布置,横杆错层连接,见图 2-67。

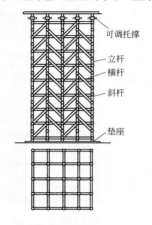

图 2-66　碗扣式支撑架

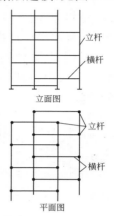

立面图

平面图

图 2-67　支撑架交叉布置

表 2-21　　　　　碗扣式钢管支撑架框架单元基本尺寸表

类型	A 型	B 型	C 型	D 型	E 型
基本尺寸/m (框长×框宽×框高)	1.8×1.8×1.8	1.2×1.2×1.8	1.2×1.2×1.2	0.9×0.9×1.2	0.9×0.9×0.6

②带横托撑(或可调横托撑)支撑架。见图 2-68,可调横托座既可作为墙体的侧向模板支撑,又可作为支撑架的横(侧)向限位支撑。

③底部扩大支撑架。对于楼板等荷载较小,但支撑面积较大的模板支撑,一般不必把所有立杆连成整体,可分成几个独立支架,只要高宽(以窄边计)比小于3∶1即可,但至少应有两跨连成一整体。对一些重载支撑架或支撑高度较高(大于 10m)的支撑架,则需把所有立杆连成一整体,并根据具体情况适当加设斜撑、横托撑或扩大底部架,见图2-10,用斜杆将上部支撑架的荷

载部分传递到扩大部分的立杆上。

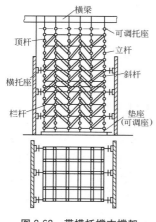

图 2-68 带横托撑支撑架

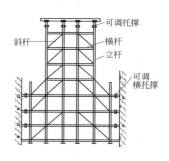

图 2-69 重载支撑架构

④高架支撑架。碗扣支撑架由于杆件轴心受力、杆件和节点间距定型、整架稳定性好和承载力大,而特别适合于构造超高、超重的梁板模板支撑架,用于高大厅堂(如电视台的演播大厅、宾馆门厅、教学楼大厅、影剧院等)、结构转换层和道桥工程施工中。

当支撑架高宽(以窄边计)比超过 5 时,应采取高架支撑架,否则须按规定设置缆风绳紧固。

⑤支撑柱支撑架。当施工荷载较重时,应采用图 2-70 碗扣式钢管支撑柱组成的支撑架。

(2)碗扣式钢管支撑架搭设施工准备。

①根据施工要求,选定支撑架的形式及尺寸,画出组装图。

②按支撑架高度选配立杆、顶杆、可调底座和可调托座,列出材料明细表。

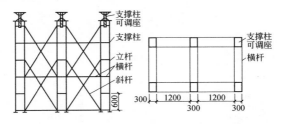

图 2-70 支撑柱支撑架构造

③支撑架地基处理要求以及放线定位、底座安放的方法均与碗扣式钢管脚手架搭设的要求及方法相同。除架立在混凝土等坚硬基础上的支撑架底座可用立杆垫座外,其余均应设置立杆可调底座。在搭设与使用过程中,应随时注意基础沉降;对悬空的立杆,必须调整底座,使各杆件受力均匀。

（3）支撑架搭设。

①树立杆。第一步立杆的长度应一致,使支撑架的各立杆接头在同一水平面上,顶杆仅在顶端使用,以便能插入底座。

②安放横杆和斜杆。横杆、斜杆安装同脚手架。在支撑架四周外侧设置斜杆。斜杆可在框架单元的对角节点布置,也可以错节设置。

③安装横托撑。横托撑可用作侧向支撑,设置在横杆层,并两侧对称设置。见图 2-71,横托撑一端由碗扣接头同横杆、支座架连接,另一端插上可调托座,安装支撑横梁。

④支撑柱搭设。支撑柱由立杆、顶杆和 0.30m 横杆组成（横杆步距 0.6m）,其底部设支座,顶部设可调座（图 2-72）,支柱长度可根据施工要求确定。

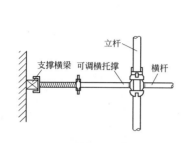

图 2-71　横托撑示意图

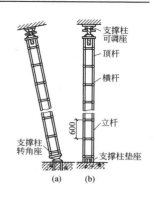

图 2-72　支撑柱构造

（a）斜支撑；（b）垂直支撑

支撑柱下端装普通垫座或可调垫座,上墙装入支座柱可调座,见图 2-72(b),斜支撑柱下端可采用支撑柱转角座,其可调角度为±10°,见图 2-72(a),应用地锚将其固定牢固。

支撑柱的允许荷载随高度的加大而降低:$h \leqslant 5m$ 时为 140kN;$5m < h \leqslant 10m$ 时为 120kN;$10m < h \leqslant 15m$ 时为 100kN。当支撑柱间用横杆连成整体时,其承载能力将会有所提高。支撑柱也可以预先拼装,现场可整体吊装以提高搭设速度。

（4）检查验收。

支撑架搭设到 3～5 层时,应检查每个立杆(柱)底座下是否浮动或松动,否则应旋紧可调底座或用薄铁片填实。

3.门式钢管支撑架

（1）门式钢管支撑架构配件。

门式钢管支撑架除可采用门式钢管脚手架的门架、交叉支撑等配件来搭设外,也有专门适用搭设支撑架的 CZM 门架等专用配件。

①CZM 门架。CZM 是一种适用于搭设模板支撑架的门架,其特点是横梁刚度大,稳定性好,能承受较大的荷载,而且荷载的作用点也不必限制在主杆的顶点处,即横梁上任意位置均可作为荷载支承点。

CZM 门架的构造见图 2-73,门架基本高度有三种:1.2m、1.4m 和 1.8m;宽度为 1.2m。

②调节架。调节架高度有 0.9m、0.6m 两种,宽度为 1.2m,用来与门架搭配,以配装不同高度的支撑架。

③连接棒、销钉、销臂、上下门架、调节架。连接棒、销钉、销臂、上下门架、调节架的竖向连接,采用连接棒[图 2-74(a)]连接棒两端均钻有孔洞,插入上、下两门架的立杆内,并在外侧安装销臂[图2-74(c)],再用自锁销钉[图 2-74(b)]穿过销臂、立杆和连接棒的销孔,将上下立杆直接连接起来。

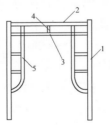

图 2-73　CZM 门架构造

1—门架立杆;2—上横杆;3—下横杆;4—腹杆;

5—加强杆(1.2m 高门架没有加强杆)

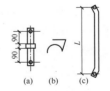

图 2-74　连接配件

(a)连接棒;(b)自锁销钉;

(c)销臂

④加载支座、三角支承架。当托梁的间距不是门架的宽度(1.2m),且荷载作用点的间距大于或小于 1.2m 时,可用加载支座或三角支承架来进行调整,可以调整的间距范围为 0.5～1.8m。

a.加载底座:加载支座构造见图 2-75,使用时将底杆用扣件将底杆与门架的上横杆扣牢,小立杆的顶端加托座即可使用。

图 2-75　加载支座

b. 三角支承架:三角支承架构造见图 2-76,宽度有 150mm、300mm、400mm 等几种,使用时将插件插入门架立杆顶端,并用扣件将底杆与立杆扣牢,然后在小立杆顶端设置顶托即可使用。

采用加载支座和三角支承架调整荷载作用点(托梁)的示意图,见图 2-77。

(2)门式钢管支撑架搭设。

采用门式钢管脚手架的门架、配件等搭设模板支撑架,根据楼(屋)盖的形式及其施工工艺(比如梁板是同时浇筑还是先后浇筑)等因素,将采用不同的布置形式。

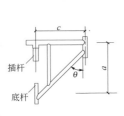

图 2-76　三角支承架

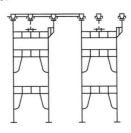

图 2-77　采用加载支座、三角支承架调整荷载作用点

①肋形楼(屋)盖模板支撑架(门架垂直于梁轴线布置)。

肋形楼(屋)盖结构中梁、板为整体现浇混凝土施工时,门式支撑架的门架,可采用平行于梁轴线或垂直于梁轴线两种布置方式。

a. 梁底模板支撑架。门架立杆上的顶托支撑着托梁,小楞搁置在托梁上,梁底模板搁在小楞上。

若门架高度不够时,可加调节架加高支撑架的高度,见图2-78。

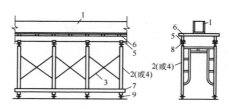

图 2-78 梁底模板支撑架
1—混凝土梁;2—门架;3—交叉支撑;4—调节架;5—托梁;
6—小楞;7—扫地杆;8—可调托座;9—可调底座

b. 梁、楼板底模板同时支撑架。当梁高不大于 350mm(可调顶托的最大高度)时,在门架立杆顶端设置可调顶托来支承楼板底模,而梁底模可直接搁在门架的横梁上,见图 2-79。

当梁高大于 350mm 时,可将调节架倒置,将梁底模板支承在调节架的横杆上,而立杆上端放上可顶托来支承楼板模板,见图 2-80(a)。

将门架倒置,用门架的立杆支承楼板底模,再在门架的立杆上固定一些小楞(小横杆)来支承梁底模板,见图 2-80(b)。

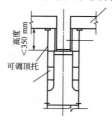

图 2-79 梁、板底模板支撑架

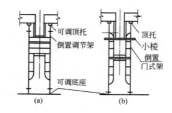

图 2-80 梁、板底模板支撑架形式
(a)倒置调节架;(b)倒置门式架

c.门架间距选定。门架的间距应根据荷载的大小确定,同时也须考虑交叉拉杆的规格尺寸,一般常用的间距有 1.2m、1.5m、1.8m。

当荷载较大或者模板支撑高度较高时,上述 1.2m 的间距仍太大时可采用图 2-81 的左右错开布置形式。

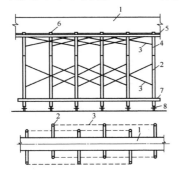

图 2-81 门架左右错开布置
1—混凝土梁;2—门架;3—交叉支撑;
4—调节架;5—托架;6—小棱;
7—扫地杆;8—可调节底座

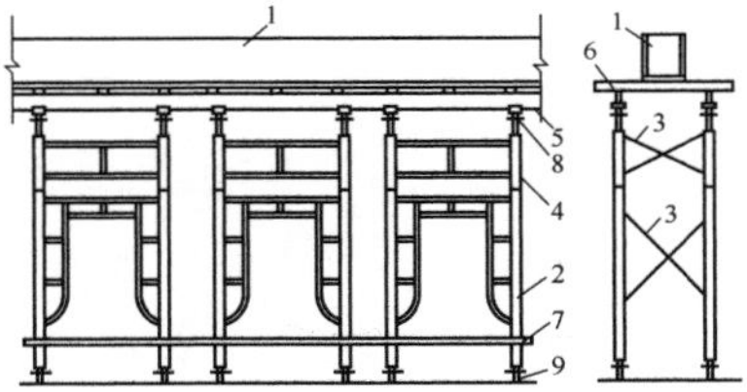

图 2-82 模板支撑的布置形式
1—混凝土梁;2—门架;3—交叉支撑;4—调节架;
5—托梁;6—小棱;7—扫地杆;
8—可调托座;9—可调底座

②肋形楼(屋)盖模板支撑架(门架平行于梁轴线布置)。

a.梁底模板支撑架。见图 2-82,托梁由门架立杆托着,而它又支承着小棱,小棱支承着梁底模板。

梁两侧的每对门架通过横向设置的交叉拉杆加固,它们的间距可根据所选定的交叉拉杆的长短确定。

纵向相邻两组门架之间的距离应考虑荷载因素经计算确定,但一般不超过门架宽度。

b.梁、楼板底模板支撑架。支撑架见图 2-83。上面倒置的门架的主杆支承楼板底模,而在门架立杆上固定小棱,用它来支承梁底模板。

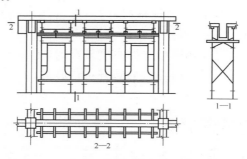

图 2-83 梁、楼板底模板支撑架形式

③平面楼(屋)盖模板支撑架。平面楼屋盖的模板支撑架,采用满堂支撑架形式,支撑架中门架布置的一种情况,见图2-84。

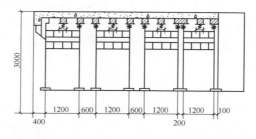

图 2-84 平面楼屋盖模板支撑(单位:mm)

为使满堂支撑架形成一个稳定的整体,避免发生摇晃,支撑架的每层门架均应设置纵、横两个方向的水平拉结杆,并在门架平面内布置一定数量的剪刀撑。在垂直门架平面的方向上,两门架之间设置交叉支撑,见图2-85。

④密肋楼(屋)盖模板支撑架。在密肋楼屋盖中,梁的布置间距多样,由于门式钢管支撑架的荷载支撑点设置比较方便,其

优势就更为显著。

几种不同间距荷载支撑点的门式支撑架,见图 2-86。

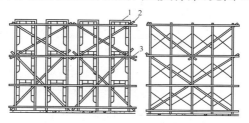

图 2-85 门式满堂支撑架搭设构造

1—门架;2—剪刀撑;3—水平加固杆

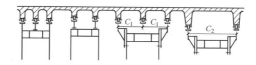

图 2-86 不同间距荷载支撑点门式支撑架

⑤门式支撑架底部构造。为保证门式钢管支撑架底部的稳定性,地基要求平整夯实,衬垫木方,在立柱的纵横向设置扫地杆(图 2-87)。

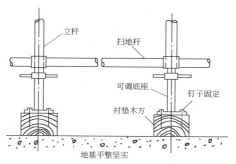

图 2-87 门式钢管支撑架底部构造

4. 模板支撑架拆除

（1）拆除时间与混凝土强度的要求。

模板支撑架必须在混凝土结构达到设计规定的强度后才能拆除。

表 2-22 是各类现浇构件拆模时的强度必须达到的要求。

表 2-23 是现浇混凝土达到规定强度标准值所需的时间。

表 2-22	现浇结构拆模时所需混凝土强度		
项次	结构类型	结构跨度（m）	按达到设计混凝土强度标准值的百分率计（%）
1	板	≤2	35
		>2 且≤3	75
2	梁、拱、壳	≤8	75
		>8	100
3	拱 壳	≤8	75
		>8	100
4	悬臂构件	≤2	75
		>2	100

表 2-23		拆除底模板的时间参考					（单位：h）
水泥	混凝土达到设计强度标准值的百分率（%）	硬化时昼夜平均温度					
		5℃	10℃	15℃	20℃	25℃	30℃
P·O 32.5	50	12	8	6	4	3	2
	70	26	18	14	9	7	6
	100	55	45	35	28	21	18
P·O 42.5	50	10	7	6	5	4	3
	70	20	14	11	8	7	6
	100	50	40	30	28	20	18
P·S 32.5 P·P 32.5	50	18	12	10	8	7	6
	70	32	25	17	14	12	10
	100	60	30	40	28	24	20
P·S 42.5 P·P 42.5	50	16	11	9	8	7	6
	70	30	20	15	13	12	10
	100	60	50	40	28	24	20

（2）支撑架的拆除要求。

支撑架的拆除要求与相应脚手架拆除的要求相同。

支撑架的拆除，除应遵守相应脚手架拆除的有关规定外，根据支撑架的特点，还应注意：

①支撑架拆除前，应由单位工程负责人对支撑架作全面检查，确定可以拆除时，方可拆除。

②拆除支撑架前应先松动可调螺栓，拆下模板并运出后，才可拆除支撑架。

③支撑架拆除应从顶层开始逐层往下拆，先拆可调托撑、斜杆、横杆，后拆立杆。

④拆下的构配件应分类捆绑、吊放到地面，严禁从高空抛掷到地面。

⑤拆下的构配件应及时检查、维修、保养；变形的应调整，油漆剥落的要除锈后重刷漆；对底座、调节杆、螺栓螺纹、螺孔等应清理污泥后涂黄油防锈。

⑥门架宜倒立或平放，平放时应相互对齐，剪刀撑、水平撑、栏杆等应绑扎成捆堆放，其他小配件应装入木箱内保管。

构配件应储存在干燥通风的库房内。如露天堆放，场地必须地面平坦、排水良好，堆放时下面要铺地板，堆垛上要加盖防雨布。

九、现场安全防护架搭设

1. 基坑防护栏

（1）防护要求。

①基坑内应搭设上下通道，作业人员应有安全立足点，禁止垂直交叉作业。

②基坑周边应设置防护栏杆,严禁堆放土石方、料具等荷载较重的物料。

(2)防护栏设置。

基坑临边防护栏设置,见图 2-88。

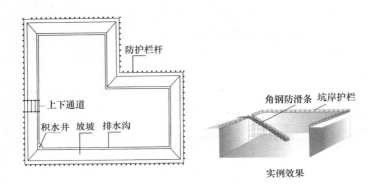

防护栏杆

上下通道

积水井 放坡 排水沟

角钢防滑条 坑岸护栏

实例效果

图 2-88　基坑安全防护栏设置

①基坑防护栏距坑边距离应大于 0.5m,坑边堆置土方和材料包括沿挖土方边缘移运运输工具和机械,不得离坑槽边过近(计算确定),堆置土方距槽边上部边缘不少于 1.2m,高度不大于 1.6m,见图 2-89。

②临时防护栏应设置牢固,不得随意移动。

③防护栏应涂红白相间警示色。

2. 爬梯和马道

为了满足人员上下以及搬运建材及工具的需要,脚手架时常要附带搭设爬梯或马道。在木脚手架中时常采用斜脚手板上钉防滑条的方式形成爬梯,但在钢管脚手架中使用定型的爬梯件更为合理,见图 2-90。

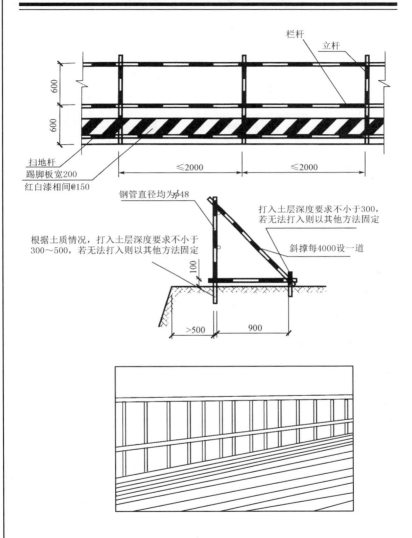

图 2-89 基坑临边防护栏杆(单位:mm)

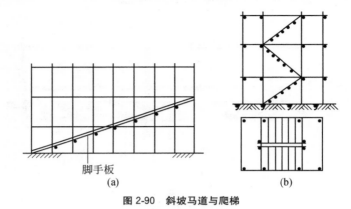

脚手板
(a) (b)

图 2-90　斜坡马道与爬梯

(a)斜坡马道;(b)爬梯

3. 承料平台

　　配合高层现浇结构的施工,一般要装设承料平台,用于堆放钢模及支撑杆等。承料平台一般采用钢制,采用钢丝绳作为斜拉杆,支撑于楼板或立柱上,见图 2-91。

4. 高处作业"临边"与"四口"防护

　　(1)基本要求。

　　①高处作业是指在基准面 2m 以上(含 2m)有可能坠落的高处进行的作业。

　　②施工前,应逐级进行安全技术教育及交底,落实所有安全技术措施和人身防护用品,未经落实时不得进行施工。

　　③高处作业中的安全标志、工具、仪表、电气设施和各种设备,必须在施工前加以检查,确认其完好,方能投入使用。

　　④攀登和悬空高处作业人员及搭设高处作业安全设施的人员,必须经过专业技术培训及专业考试合格,持证上岗,并定期

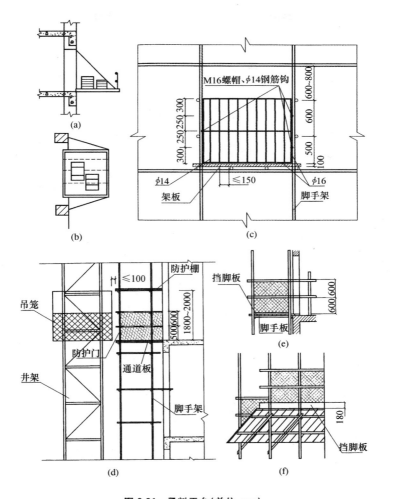

图 2-91　承料平台(单位:mm)
(a)平台剖面图;(b)平台平面图;(c)防护构造;
(d)平台构造;(e)固定支承;(f)脚手架支承

进行体格检查。

⑤施工中对高处作业的安全技术设施发现有缺陷和隐患时,必须及时解决;危及人身安全时,必须停止作业。

⑥施工作业场所所有有坠落可能的物件,应一律先行撤除或加以固定。

高处作业中所用的物料,均应堆放平稳,不妨碍通行和装卸。工具应随手放入工具袋;作业中的走道、通道板和登高用具,应随时清扫干净;拆卸下的物件及余料和废料均应及时清理运走,不得任意乱放或向下丢弃。传递物件禁止抛掷。

⑦雨天和雪天进行高处作业时,必须采取可靠的防滑、防寒和防冻措施。凡水、冰、霜、雪均应及时清除。

对进行高处作业的高耸建筑物,应事先设置避雷设施。遇有六级以上强风、浓雾等恶劣天气,不得进行露天攀登与悬空高处作业。暴风雪及台风、暴雨后,应对高处作业安全设施逐一加以检查,发现有松动、变形、损坏或脱落等现象,应立即修理完善。

⑧因作业必须临时拆除或变动安全防护设施时,须经施工负责人同意,并采取相应的可靠措施,作业后立即恢复。

⑨防护棚搭建及拆除时,应设警戒区,并应派人监护。严禁上下同时拆除。

⑩高处作业安全设施的主要受力杆件,力学计算按一般结构力学公式,强度及挠度计算按现行有关规范进行,但钢受弯构件的强度计算不考虑塑性,构造应符合现行的相应规范的要求。

(2)楼层及屋面临边防护做法。

楼层及屋面临边防护做法,见图 2-92。

①工程临主要干道,临施工人员密集区域应采用此办法。

②每片高度固定为 1200mm,单片宽度为 500mm、

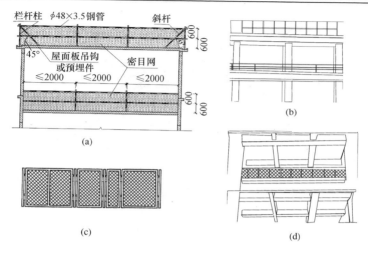

图 2-92　楼层及屋面临边防护(单位:mm)
(a)钢管防护栏;(b)钢管防护栏效果图;(c)金属网状防护栏;
(d)金属网状防护栏

1000mm、1500mm、2000mm 四种规格。

③可根据现场实际情况进行多片拼装。

(3)楼梯与阳台边防护。

阳台边、楼层边、楼梯边加设安全立网或宽度不小于 200mm、厚度不小于 25mm 的踢板,见图 2-93。

阳台边可设置单独防护栏杆,做法如楼层边栏杆,并在拐角处下平杆设置斜拉杆加强。

(4)梁面临时防护做法。

在钢结构梁和混凝土梁上独立高空作业,在无临边防护情况下,采用钢索或麻绳作悬挂安全带和行走扶手用,见图 2-94。

(5)预留洞口防护。

洞口根据具体情况采取设防护栏杆、加盖杆、张挂安全网与

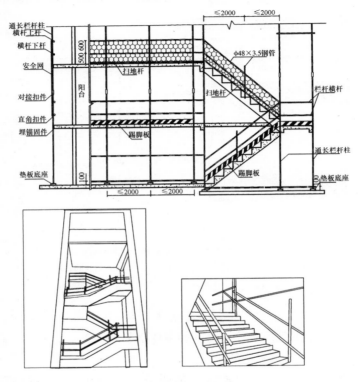

图 2-93 楼梯边与阳台边防护

装栅门等措施,见图 2-95。必须符合下列要求:

①楼板、屋面和平台等面上短边尺寸小于 25cm 但大于 2.5cm 的孔口,必须用坚实的盖板盖住,盖板应能防止挪动移动。

②楼板面等处边长为 25～50cm 的洞口、安装预制构件时的洞口以及缺件临时形成的洞口,可用竹、木等作盖板,盖住洞口。盖板须能保持四周搁置均衡,并有固定其位置的措施。

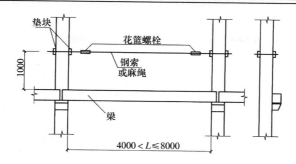

图 2-94 梁面临时防护做法(单位:mm)

③边长为 50～150cm 的洞口,必须设置以扣件扣接钢管而成的网格,并在其上满铺竹笆或脚手板。也可采用贯穿于混凝土板内的钢筋构成防护网,钢筋网格间距不得大于 20cm。

④边长在 150cm 以上的洞口,四周设防护栏杆,洞口下张设安全平网。

(6)电梯井防护。

电梯井内应间隔四层(不大于 10m)设置一道水平安全网,安全网四周必须和井筒连接牢固紧密,网与墙壁之间不能留有空隙;电梯井口必须设置工具式金属防护门,刷红白相间的警示色,防止人员失足坠落,见图 2-96。

(7)安全通道防护。

安全通道防护适用于在建工程的出入口,通道口以及物料提升机(含外用电梯)部位,见图 2-97。

①建筑工程高度在 30m 以上时,其通道防护搭设应为双层,棚顶应用硬质材料封盖。

②通道防护的设置应符合《建筑施工高处作业安全技术规范》(JGJ 80—1991)高处作业等级和坠落半径的要求,对通道防护不能覆盖的区域,应设隔离防护,防止人员误入。

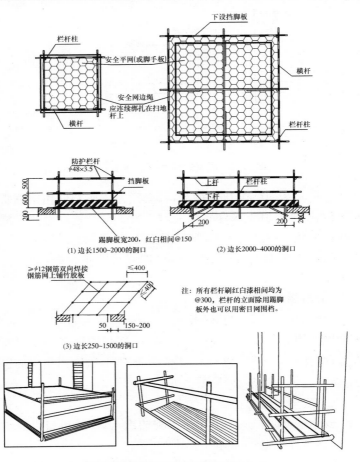

图 2-95　预留洞口防护做法(单位:mm)

(8)材料加工防护棚。

①材料加工防护棚做法,见图 2-98。

防护棚外可用密目网封闭,起到防尘降噪的作用。

②搅拌机防护棚,见图 2-99。

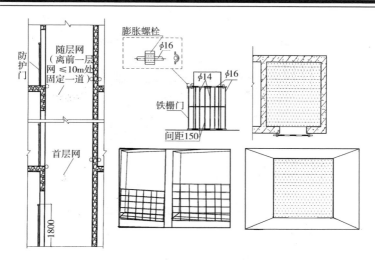

图 2-96　电梯井防护做法

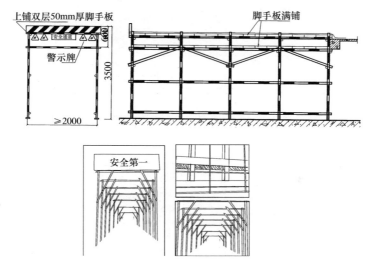

图 2-97　安全通道及防护做法

　　其搅拌机棚的外侧,应采用密目安全网全封,以减少噪声和粉尘。

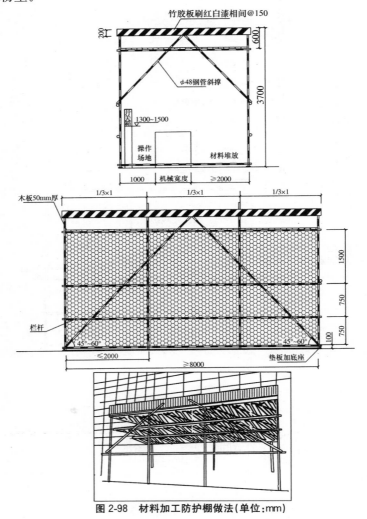

图 2-98　材料加工防护棚做法(单位:mm)

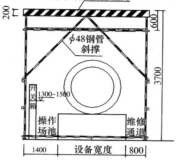

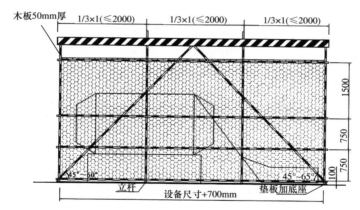

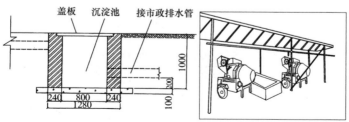

沉淀池   封闭前防护棚

图 2-99 搅拌机防护棚做法(单位:mm)

第3部分 架子工岗位安全常识

一、架子工施工安全基本知识

1. 架子工作业施工现场安全技术

（1）建筑登高作业（架子工），必须经专业安全技术培训，考试合格，持特种作业操作证上岗作业。架子工的徒工必须办理学习证，在技工带领、指导下操作，非架子工未经同意不得单独进行作业。

（2）架子工必须经过体检，凡患有高血压、心脏病、癫痫病、晕高或视力不够以及不适合于登高作业的，不得从事登高架设作业。

（3）正确使用个人安全防护用品，必须着装灵便（紧身紧袖），在高处（2m以上）作业时，必须佩戴安全带与已搭好的立、横杆挂牢，穿防滑鞋。作业时精神要集中，团结协作、互相呼应、统一指挥、不得"走过档"和跳跃架子，严禁打闹玩笑、酒后上班。

（4）班组（队）接受任务后，必须组织全体人员，认真领会脚手架专项安全施工组织设计和安全技术措施交底，研讨搭设方法，明确分工，并派1名技术好、有经验的人员负责搭设技术指导和监护。

（5）风力六级以上（含六级）强风和高温、大雨、大雪、大雾等恶劣天气，应停止高处露天作业。风、雨、雪过后要进行检查，发现脚手架倾斜下沉、松扣、崩扣要及时修复，合格后方可使用。

（6）脚手架要结合工程进度搭设，搭设未完的脚手架，在离开作业岗位时,不得留有未固定构件和安全隐患,确保架子稳定。

(7)在带电设备附近搭、拆脚手架时,宜停电作业。在外电架空线路附近作业时,脚手架外侧边缘与外电架空线路的边线之间的最小安全操作距离不得小于表 3-1 的数值。

表 3-1　　　　　在建工程(含脚手架具)的外侧边缘与
外电架空线路的边线之间的最小安全操作距离

外电线路电压	1kV 以下	1～10kV	35～110kV	154～220kV	330～500kV
最小安全操作距离(m)	4	6	8	10	12

注:上、下脚手架斜道严禁搭设在有外电线路的一侧。

(8)各种非标准的脚手架,跨度过大、负载超重等特殊架子或其他新型脚手架,按专项安全施工组织设计批准的意见进行作业。

(9)脚手架搭设到高于在建建筑物顶部时,里排立杆要低于沿口 40～50mm,外排立杆高出沿口 1～1.5m,搭设两道护身栏,并挂密目安全网。

(10)脚手架搭设、拆除、维修和升降必须由架子工负责,非架子工不准从事脚手架操作。

2. 扣件式钢管脚手架施工现场安全技术

(1)扣件式钢管脚手架。

按其搭设位置分为外脚手架、里脚手架;按立杆排数分为单排、双排脚手架;按高度分为一般、高层脚手架,以及分为结构、装修脚手架,具体搭设的操作规定,其基本要求如下:

①脚手架应由立杆(冲天)、纵向水平杆(大横杆、顺水杆)、

横向水平杆(小横杆)、剪刀撑(十字盖)、抛撑(压栏子)、纵、横扫地杆和拉接点等组成,脚手架必须有足够的强度、刚度和稳定性,在允许施工荷载作用下,确保不变形、不倾斜、不摇晃。

②脚手架搭设前应清除障碍物、平整场地、夯实基土、做好排水,根据脚手架专项安全施工组织设计(施工方案)和安全技术措施交底的要求,基础验收合格后,放线定位。

③垫板宜采用长度不少于2跨,厚度不小于5cm的木板,也可采用槽钢,底座应准确放在定位位置上。

(2)结构承重的单、双排脚手架。

①搭设高度不超过20m的扣件式钢管脚手架,其构造主要参数见表3-2。

表3-2　　　　　　　　　扣件式钢管脚手架构造参数

结构形式	用途	宽度(m)	立杆间距(m)	步距(m)	横向水平杆间距
单排架	承重	1~1.2	1.5	1.2	1m,一端伸入墙体不少于240mm
单排架	装修	1~1.2	1.5	1.2	1m,同上
双排架	承重	2~2.5	1.5	1.2	1m
双排架	装修	2~2.5	1.5	1.2	1m

②立杆应纵成线、横成方,垂直偏差不得大于架高1/200。立杆接长应使用对接扣件连接,相邻的两根立杆接头应错开500mm,不得在同一步架内。立杆下脚应设纵、横向扫地杆。

③纵向水平杆在同一步架内纵向水平高差不得超过全长的1/300,局部高差不得超过50mm。纵向水平杆应使用对接扣件连接,相邻的两根纵向水平杆接头错开500mm,不得在同一跨内。

④横向水平杆应设在纵向水平杆与立杆的交点处,与纵向

水平杆垂直。横向水平杆端头伸出外立杆应大于100mm,伸出里立杆为450mm。

⑤架高20m以上时,从两端每7根立杆(一组)从下到上设连续式的剪刀撑,架高20m以下可设间断式剪刀撑(斜支撑),即从架子两端转角处开始(每7根立杆为一组)从下到上连续设置。剪刀撑钢管接长应用两只旋转扣件搭接,接头长度不小于500mm,剪刀撑与地面夹角为45°～60°。剪刀撑每节两端应用旋转扣件与立杆或横向水平杆扣牢。

⑥脚手架与在建建筑物拉结点必须用双股8号铅丝或φ6的HRB300钢筋与结构拉结牢固,拉结点之间水平距离不大于6m,垂直距离不大于4m。高度超过20m的脚手架不得使用柔性材料进行拉结,在拉结点设可靠支顶。

⑦高层施工脚手架(高20m以上)在搭设过程中,必须以15～18m为一段,根据实际情况,采取撑、挑、吊等分阶段将荷载卸到建筑物的技术措施。

⑧铺、翻脚手板:脚手板铺设于架子的作业层上。脚手板有木、钢两种,不得使用竹编脚手板。脚手板必须满铺、铺严、铺稳,不得有探头板和飞跳板。铺脚手板可对头或搭接铺设,对头铺脚手板,搭接处必须是双横向水平杆,且两根间隙200～250mm,有门窗口的地方应设吊杆和支柱,吊杆间距超过1.5m时,必须增加支柱。

搭接铺脚手板时,两块板端头的搭接长度应不小于200mm,如有不平之处要用木块垫在纵、横水平杆相交处,不得用碎砖块塞垫。

翻脚手板应二人操作,配合要协调,要按每档由里逐块向外翻,到最外一块时,站到邻近的脚手板把外边一块翻上去。翻、铺脚手板时必须系好安全带。脚手板翻板后,下层必须留一层脚手板或兜一层水平安全网,作为防护层。不铺板时,横向水平杆间距不得大于 3m。

3. 工具式脚手架施工现场安全技术

(1)插口式脚手架(简称插口架)。

分为甲、乙、丙 3 种,甲型插口架适用于外墙板上有窗口部位的施工;乙型插口架适用无外墙板部位施工;丙型插口架(也叫挂脚手架)适用于无窗口部位施工。插口架的安全操作要点:

①插口架允许负荷最大不得超过 1176N/m² ,脚手架上严禁堆放物料,人员不得集中停留。

②插口架提升或降落,应使用塔式起重机等起重机械,必须用卡环吊运,严禁任何人站在架子上随架子升降。

③插口架不得超过建筑物两个开间,最长不得超过 8m,宽度不得超过 1m。钢管组装的插口架,其立杆间距不得大于 2m,大、小面均须设斜支撑;焊接的插口架,定型边框为立杆的,其立杆间距不得大于 2.5m,大面要设剪刀撑。

④插口架上下两步脚手板,必须铺满、铺平、固定牢固。下步不铺板时要满挂水平安全网。上下两步都要设两道护身栏,立挂密目安全网,横向水平杆间距以 0.5~1m 为宜。

⑤插口架外侧要接高挂网,其高度应高出施工作业层 1m,要设剪刀撑,并用密目安全网从上至下封严,安全网下脚要封死扎牢。相邻插口架应在同一平面,接口处应封闭严密。

⑥甲型插口架别杠应大于 10cm×10cm 优质木方。别杠要别于窗口的上下口,每边长度要长出窗口 200mm。上下别杠的立杆与横杆连接处应用双扣件;丙型插口架(挂架子)穿墙螺栓端部的螺纹应采用梯形螺纹扣,用双螺母锁牢。

⑦插口架安装操作顺序:甲型插口架应"先别后摘""先挂后

拆"(即在安装时,应先别好别杠,后摘去卡环;在拆除时,应先挂好卡环,后拆掉别杠)。丙型插口架应在安装时先锁紧螺母,后摘去卡环;在拆除时,应先挂好卡环,后拆掉螺母。

⑧结构外墙是现浇钢筋混凝土的,其强度应达到 70％以上,才能安装插口架。

⑨插口架安装后必须经过检查验收,合格签字,才能使用。

(2)吊篮式脚手架。

分为手动和电动两种。吊篮脚手架是在建筑物屋面通过特设的支撑点,利用挑梁或挑架的吊索具悬吊吊篮,进行外装饰工程操作的一种脚手架,其主要组成分为吊篮、支撑挑梁(挑架)、吊索具(包括钢丝绳或链杆或链条)及升降装置、保险绳和安全锁等。搭设使用吊篮式脚手架的安全操作规定:

①吊篮搭设构造必须遵照专项安全施工组织设计(施工方案)规定,组装或拆除时,应 3 人配合操作,严格按搭设程序作业,任何人不允许改变方案。

②吊篮的负载不得超过 1176N/m^2(120kg/m^2),吊篮上的作业人员和材料要对称分布,不得集中在一头,保持吊篮负载平衡。

③升降吊篮的手扳葫芦应用 3t 以上的专用配套的钢丝绳。使用倒链应用 2t 以上的,承重的钢丝绳直径不小于 12.5mm,吊篮两端应设保险绳,其直径与承重钢丝绳同。绳卡不得少于 3 个,严禁使用有接头钢丝绳。

④承重钢丝绳与挑梁连接必须牢靠,并应有预防钢丝绳受剪的保护措施。

⑤吊篮的位置和挑梁的设置应根据建筑物实际情况而定。挑梁挑出的长度与吊篮的吊点必须保持垂直,安装挑梁时,应使挑梁探出建筑物一端稍高于另一端。挑梁在建筑物内外的两端

应用杉杆或钢管连接牢固,成为整体。阳台部位的挑梁在挑出部分的顶端要加斜撑抱桩,斜撑下要加垫板,并且将受力的阳台板和以下的两层阳台板设立柱加固。

⑥可根据工程的需要组装单层或双层吊篮,双层吊篮要设爬梯,留出活动盖板,以便人员上下。

⑦吊篮长度一般不得超过 8m,宽度以 0.8m 至 1m 为宜。单层吊篮高度以 2m,双层吊篮高度以 3.8m 为宜。用钢管为立杆的吊篮,立杆间距不得超过 2.5m,单层吊篮至少设三道横杆,双层吊篮至少设五道横杆。

⑧以钢管组装的吊篮大、小面均需设戗,以焊接预制框架组装的吊篮,长度超过 3m 的大面要设戗。

⑨吊篮的脚手板必须铺平、铺严,并与横向水平杆固定牢,横向水平杆的间距可根据脚手板厚度而定,一般以 0.5～1m 为宜。吊篮作业层外排和两端小面均应设两道护身栏,并挂密目安全网封严,琐牢下角,里侧应设护身栏。

⑩以手扳葫芦为吊具的吊篮,钢丝绳穿好后,必须将保险板把卸掉,系牢保险绳或安全锁,并将吊篮与建筑物拉牢。

⑪吊篮里侧距建筑物 100mm 为宜,两吊篮之间间距不得大于 200mm。不得将两个或几个吊篮连在一起同时升降,两个吊篮接头处应与窗口、阳台作业面错开。

⑫升降吊篮时,必须同时摇动所有手扳葫芦或拉动倒链,各吊点必须同时升降,保持吊篮平衡。吊篮升降时不要碰撞建筑物,特别是阳台、窗户等部位,应有专人负责推动吊篮,防止吊篮挂碰建筑物。

⑬吊篮使用期间,应经常检查吊篮防护、保险、挑梁、手扳葫芦、倒链和吊索等,发现隐患,立即解决。

⑭吊篮组装、升降、拆除、维修必须由专业架子工进行。

（3）门式脚手架。

①脚手架搭设前必须对门架、配件、加固件按规范进行检查验收，不合格的严禁使用。

②脚手架搭设场地应进行清理、平整夯实，并做好排水。

③地基基础施工应按门架专项安全施工组织设计（施工方案）和安全技术措施交底进行。基础上应先弹出门架立杆位置线，垫板、底座安放位置应准确。

④不配套的门架与配件不得混合使用于同一脚手架。门架安装应自一端向另一端延伸，不得相对进行。搭完一步后，应检查、调整其水平度与垂直度。

⑤交叉支撑、水平架和脚手板应紧随门架的安装及时设置。连接门架与配件的锁臂、搭钩必须锁住、锁牢。水平架和脚手板应在同一步内连续设置，脚手板必须铺满、铺严，不准有空隙。

⑥底层钢梯的底部应加设钢管并用扣件扣紧在门架的立杆上，钢梯的两侧均应设置扶手，每段梯可跨越两步或三步门架再行转折。

⑦护身栏杆、立挂密目安全网应设置在脚手架作业层外侧，门架立杆的内侧。

⑧加固杆、剪刀撑必须与脚手架同步搭设。水平加固杆应设于门架立杆内侧，剪刀撑应设于门架立杆外侧，并扣接牢固。

⑨连墙件的搭设必须随脚手架搭设同步进行，严禁滞后设置或搭设完毕后补做。当脚手架作业层高出相邻连墙件已两步的，应采取确保稳定的临时拉接措施，直到连墙搭设完毕后，方可拆除。

⑩加固件、连墙件等与门架采用扣件连接，扣件规格必须与所连钢管外径相匹配，扣件螺栓拧紧，扭力矩宜为 50～60N·m，并不得小于 40N·m。

⑪脚手架搭设完毕或分段搭设完毕必须进行验收检查,合格签字后,交付使用。

⑫脚手架拆除必须按拆除方案和拆除安全技术措施交底规定进行。拆除前应清除架子上材料、工具和杂物,拆除时应设置警戒区和挂警戒标志,并派专人负责监护。

⑬拆除的顺序,应从一端向另一端,自上而下逐层地进行,同一层的构配件和加固件应按先上后下,先外后里的顺序进行,最后拆除连墙件。连墙件、通长水平杆和剪刀撑等必须在脚手架拆除到相关门架时,方可拆除。

⑭拆除的工人必须站在临时设置的脚手板上进行拆卸作业。拆除工作中,严禁使用榔头等硬物击打、撬挖。拆卸连接部件时,应先将锁座上的锁板与卡钩上的锁片旋转至开启位置,然后拆除,不得硬拉、敲击。

⑮拆下的门架、钢管与配件,应成捆用机械吊运或由井架传送至地面,防止碰撞,严禁抛掷。

(4)附着升降脚手架。

①安装、使用和拆卸附着升降脚手架的工人必须经过专业培训,考试合格,未经培训任何人(含架子工)严禁从事此操作。

②附着升降脚手架安装前必须认真组织学习专项安全施工组织设计(施工方案)和安全技术措施交底,研究安装方法,明确岗位责任。控制中心必须设专人负责操作,严禁未经培训人员操作。

③组装附着升降脚手架的水平梁及竖向主框架,在两相邻附着支撑结构处的高差应不大于 20mm;竖向主框架和防倾导向装置的垂直偏差应不大于 5‰和 60mm;预留穿墙螺栓孔和预埋件应垂直于工程结构外表面,其中心误差小于 15mm。

④附着升降脚手架组装完毕,必须经技术负责人组织进行

检查验收,合格后签字,方准投入使用。

⑤升降操作必须严格遵守升降作业程序;严格控制并确保架子的荷载;所有妨碍架体升降的障碍物必须拆除;严禁任何人(含操作人员)停留在架体上,特殊情况必须经领导批准,采取安全措施后,方可实施。

⑥升降脚手架过程中,架体下方严禁有人进入,设置安全警戒区,并派人负责监护。

⑦严格按设计规定控制各提升点的同步性,相邻提升点间的高差不得大于 30mm,整体架最大升降差不得大于 80mm;升降过程中必须实行统一指挥,规范指令。升降指令只允许由总指挥一人下达。但当有异常情况出现时,任何人均可立即发出停止指令。

⑧架体升降到位后,必须及时按使用状况进行附着固定。在架体没有完成固定前,作业人员不得擅离岗位。在未办理交付使用手续前,必须逐项进行点检,合格后,方准交付使用。

⑨严禁利用架体吊运物料和拉接吊装缆绳(索);不准在架体上推车,不准任意拆卸结构件或松动连接件、移动架体上的安全防护设施。

⑩架体螺栓连接件、升降动力设备、防倾装置、防坠装置、电控设备等应定期(至少半月)检查维修保养 1 次和不定期的抽检,发现异常,立即解决,严禁带病使用。

⑪六级以上强风停止升降或作业,复工时必须逐项检查后,方准复工。

⑫附着升降脚手架的拆卸工作,必须按专项安全施工组织设计(施工方案)和安全技术措施交底规定要求执行,拆卸时必须按顺序先搭后拆、先上后下,先拆附件、后拆架体,必须有预防人员、物体坠落等措施,严禁向下抛扔物料。

4.里脚手架施工现场安全技术

(1)满堂红脚手架(不含支模满堂红脚手架)。

①承重的满堂红脚手架,立杆的纵、横向间距不得大于1.5m。纵向水平杆(顺水杆)每步间距不得大于1.4m。檩杆间距不得超过750mm。脚手板应铺严、铺齐。立杆底部必须夯实,垫通板。

②装修用的满堂红脚手架,立杆纵、横向间距不得超过2m。靠墙的立杆应距墙面500～600mm,纵向水平杆每步间隔不得大于1.7m,横杆间距不得大于1m。搭设高度在6m以内的,可花铺脚手板,两块板之间间距应小于200mm,板头必须用12号铁丝绑牢。搭设高度超过6m时,必须满铺脚手板。

③满堂红脚手架四角必须设抱角戗,戗杆与地面夹角应为45°～60°。中间每4排立杆应搭设1个剪刀撑,一直到顶。每隔两步,横向相隔4根立杆必须设一道拉杆。

④封顶架子立杆,封顶处应设双扣件,不得露出杆头。运料应预留井口,井口四周应设两道护身栏杆,并加固定盖板,下方搭设防护棚,上人孔洞口处应设爬梯。爬梯步距不得大于300mm。

(2)砌砖用金属平台架。

①金属平台架用直径50mm钢管作支柱,用直径20mm以上钢筋焊成桁架。使用前必须逐个检查焊缝的牢固和完整状况,合格后方可拼装。

②安放金属平台架地面与架脚接触部分必须垫50mm厚的脚手板。楼层上安放金属平台架,下层楼板底必须在跨中加顶支柱。

③平台架上脚手板应铺严,离墙空隙部分用脚手板铺齐。

④每个平台架使用荷载不得超过 2000kg(600 块砖、两桶砂浆)。

⑤几个平台架合并使用时,必须连接绑扎牢固。

(3)升降式金属套管架。

①金属套管架使用前,必须检查架子焊缝的牢固和插铁零件的齐全。套管焊缝开裂或锈蚀损坏不得使用。

②套管架应放平、垫稳。在土地上安放套管架,应垫 50mm 厚的木板。

③套管架间距,应根据各工种操作荷载的要求合理放置,一般以 1.5m 为宜,最大间距不得大于 2m。

④需要升高一级时,必须将插铁销牢。插铁销钉直径不得小于 10mm。如需升高到 2m 时,必须在两架之间绑一道斜撑拉牢,并加抛撑压稳。

5. 悬挑脚手架施工现场安全技术

(1)挑脚手架的挑出部分最宽不得超过 1.5m,斜立杆间距不得超过 1.5m,挑出部分超过 1.5m 时,应严格按专项安全施工组织设计规定进行支搭。

(2)挑脚手架的斜支杆可支在下层窗台上并垫木板,斜杆上部与上层窗口的内侧应有横、竖别杠。别杠两端必须长于所别窗口 250mm 以上,每窗口至少两根。

(3)纵向水平杆至少搭设三道,横向水平杆间距不得大于1m。脚手板铺严、铺平。

(4)挑脚手架纵向必须设剪刀撑或正反斜支撑。施工层搭设两道护身栏,立挂密目安全网,下角锁牢,护身栏必须高出檐口 1.5m。

(5)挑脚手架只能用于装修,严格控制施工荷载不得超过

$1kN/m^2$。操作面下方按规定搭设水平安全网。

6. 电梯安装井架施工现场安全技术

（1）电梯井架只准使用钢管搭设，搭设标准必须按安装单位提出的使用要求，遵照扣件式钢管脚手架有关规定搭设。

（2）电梯井架搭设完后，必须经搭设、使用单位的施工技术、安全负责人共同验收，合格后签字，方准交付使用。

（3）架子交付使用后任何人不得擅自拆改，因安装需要局部拆改时，必须经主管工长同意，由架子工负责拆改。

（4）电梯井架每步至少铺 2/3 的脚手板，所留的上人孔道要相互错开，留孔一侧要搭设一道护身栏杆。脚手板铺好后，必须固定，不准任意移动。

（5）采用电梯自升安装方法施工时，所需搭设的上下临时操作平台，必须符合脚手架有关规定。在上层操作平台的下面要满铺脚手板或满挂安全网。下层操作平台做到不倾斜、不摇晃。

7. 浇筑混凝土脚手架施工现场安全技术

（1）立杆间距不得超过 1.5m，土质松软的地面应夯实或垫板，并加设扫地杆。

（2）纵向水平杆不得少于两道，高度超过 4m 的架子，纵向水平杆不得大于 1.7m。架子宽度超过 2m 时，应在跨中加吊一根纵向水平杆，每隔两根立杆在下面加设一根托杆，使其与两旁纵向水平杆互相连接，托杆中部搭设八字斜撑。

（3）横向水平杆间距不得大于 1m。脚手板铺对头板，板端底下设双横向水平杆，板铺严、铺牢。脚手板搭接铺设时，端头必须压过横向水平杆 150mm。

（4）架子大面必须设剪刀撑或八字戗，小面每隔两根立杆和纵向水平杆搭接部位必须打剪刀饯。

(5)架子高度超过 2m 时,临边必须搭设两道护身栏杆。

8.外电架空线路安全防护脚手架施工现场安全技术

(1)外电架空线路安全防护脚手架应使用剥皮杉木、落叶松等作为杆件,腐朽、折裂、枯节等易折木杆和易导电材料不得使用。

(2)外电架空线路安全防护脚手架应高于架空线 1.5m。

(3)立杆应先挖杆坑,深度不小于 500mm,遇有土质松软,应设扫地杆。立杆时必须 2～3 人配合操作。

(4)纵向水平杆应搭设在立杆里侧,搭设第一步纵向水平杆时,必须检查立杆是否立正,搭设至四步时,必须搭设临时抛撑和临时剪刀撑。搭设纵向水平杆时,必须 2～3 人配合操作,由中间 1 人接杆、放平,由大头至小头顺序绑扎。

(5)剪刀撑杆子不得整绑,应贴在立杆上,剪刀撑下桩杆应选用粗壮较大杉槁,由下方人员找好角度再由上方人员依次绑扎。剪刀撑上桩(封顶)椽子应大头朝上,顶着立杆绑在纵向水平杆上。

(6)两杆连接,其有效搭接长度不得小于 1.5m,两杆搭接处绑扎不少于三道。杉槁大头必须绑在十字交叉点上。相邻两杆的搭接点必须相互错开,水平及斜向接杆,小头应压在大头上边。

(7)递杆(拔杆)上下、左右操作人员应协调配合,拔杆人员应注意不碰撞上方人员和已绑好的杆子,下方递杆人员应在上方人员接住杆子呼应后,方可松手。

(8)遇到两根交叉必须绑扣;绑扎材料,可用扎绑绳。如使用铅丝,严禁碰触外电架空线。铅丝扣不得过松、过紧,应使 4

根铅丝敷实均匀受力,拧扣以一扣半为宜,并将铅丝末端弯贴在杉槁外皮,不得外翘。

9.坡道(斜道)施工现场安全技术

(1)脚手架运料坡道宽度不得小于 1.5m,坡度以 1∶6(高∶长)为宜。人行坡道,宽度不得小于 1m,坡度不得大于1∶3.5。

(2)立杆、纵向水平杆间距应与结构脚手架相适应,单独坡道的立杆、纵向水平杆间距不得超过 1.5m。横向水平杆间距不得大于 1m,坡道宽度大于 2m 时,横向水平杆中间应加吊杆,并每隔 1 根立杆在吊杆下加绑托杆和八字戗。

(3)脚手板应铺严、铺牢。对头搭接时板端部分应用双横向水平杆。搭接板的板端应搭过横向水平杆 200mm,并用三角木填顺板头凸棱。斜坡坡道的脚手板应钉防滑条,防滑条厚度30mm,间距不得大于 300mm。

(4)之字坡道的转弯处应搭设平台,平台面积应根据施工需要,但宽度不得小于 1.5m。平台应绑剪刀撑或八字戗。

(5)坡道及平台必须绑两道护身栏杆和 180mm 高度的挡脚板。

10.安全网搭设施工现场安全技术

(1)各类建筑施工中必须按规定搭设安全网。安全网分为平支网和立挂网两种。安全网搭设要搭接严密、牢固、外观整齐,网内不得存留杂物。

(2)安全网绳不得损坏和腐朽,搭设好的水平安全网在承受100kg 重、表面积 2800kg/cm² 的砂袋假人,从 10m 高处的冲击后,网绳、系绳、边绳不断。搭设安全网支撑杆间距不得大于 4m。

(3)无外脚手架或采用单排外脚手架和工具式脚手架时,凡高度在 4m 以上的建筑物,首层四周必须支固定 3m 宽的水平安全网(20m 以上的建筑物搭设 6m 宽双层安全网),网底距下方物体表面不得小于 3m(20m 以上的建筑物不得小于 5m)。安全网下方不得堆物品。

(4)在施工程 20m 以上的建筑每隔 4 层(10m)要固定一道 3m 宽的水平安全网。安全网的外边沿要高于内边沿 50～60cm。

(5)扣件式钢管外脚手架,必须立挂密目安全网沿外架子内侧进行封闭,安全网之间必须连接牢固,并与架体固定。

(6)工具式脚手架必须立挂密目安全网沿外排架子内侧进行封闭,并按标准搭设水平安全网防护。

(7)20m 以上建筑施工的安全网一律用组合钢管角架挑支,用钢丝绳绷拉,其外沿要高于内口,并尽量绷直,内口要与建筑锁牢。

(8)在施工程的电梯井、采光井、螺旋式楼梯口,除必须设金属可开启式安全防护门外,还应在井口内首层并每隔 4 层固定一道水平安全网。

(9)无法搭设水平安全网的,必须逐层立挂密目安全网全封闭。搭设的水平安全网,直至没有高处作业时方可拆除。

11. 龙门架及井架施工现场安全技术

(1)龙门架及井架的搭设和使用必须符合行业标准《龙门架及井架物料提升机安全技术规范》(JGJ 88—2010)规定要求。

(2)扣件式钢管井架搭设的材料规格符合规范要求。

(3)立杆和纵向水平杆的间距均不得大于 1m,立杆底端应安放铁板墩,夯实后垫板。

(4)井架四周外侧均应搭设剪刀撑一直到顶,剪刀撑斜杆与地面夹角为 60°。

(5)平台的横向水平杆的间距不得大于 1m,脚手板必须铺平、铺严,对头搭接时应用双横向水平杆,搭接时板端应超过横向水平杆 15cm,每层平台均应设护身栏和挡脚板。

(6)两杆应用对接扣件连接,交叉点必须用扣件,不得绑扎。

(7)天轮架必须搭设双根天轮木,并加顶桩钢管或八字杆,用扣件卡牢。

(8)组装三角柱式龙门架,每节立柱两端焊法兰盘。拼装三角柱架时,必须检查各部件焊口牢固,各节点螺栓必须拧紧。

(9)两根三角立柱应连接在地梁上,地梁底部要有锚铁并埋入地下防止滑动,埋地梁时地基要平并应夯实。

(10)各楼层进口处,应搭设卸料过桥平台,过桥平台两侧应搭设两道护身栏杆,并立挂密目安全网,过桥平台下口落空处应搭设八字戗。

(11)井架和三角柱式龙门架,严禁与电气设备接触,并应有可靠的绝缘防护措施。高度在 15m 以上时应有防雷设施。

(12)井架、龙门架必须设置超高限位、断绳保险,机械、手动或连锁定位托杠等安全防护装置。

(13)架高在 10~15m 应设 1 组缆风绳,每增高 10m 加设 1 组,每组 4 根,缆风绳应用直径不小于 12.5mm 钢丝绳,按规定埋设地锚,缆风绳严禁捆绑在树木、电线杆、构件等物体上,并禁止使用别杠调节钢丝绳长度。

(14)龙门架、井架首层进料口一侧应搭设长度不小于 2m 的安全防护棚,另三侧必须采取封闭措施。每层卸料平台和吊笼(盘)出入口必须安装安全门,吊笼(盘)运行中不准乘人。

(15)龙门架、井架的导向滑轮必须单独设置牢固地锚,导向滑轮至卷扬机卷筒的钢丝绳,凡经通道处均应予以遮护。

(16)天轮与最高一层上料平台的垂直距离应不小于6m,使吊笼(盘)上升最高位置与天轮间的垂直距离不小于2m。

二、现场施工安全操作基本规定

1. 杜绝"三违"现象

员工遵章守纪,是实现安全生产的基础。员工在生产过程中,不仅要有熟练的技术,而且必须自觉遵守各项操作规程和劳动纪律,远离"三违",即违章指挥、违章操作、违反劳动纪律。

(1)违章指挥。企业负责人和有关管理人员法制观念淡薄,缺乏安全知识,思想上存有侥幸心理,对国家、集体的财产和人民群众的生命安全不负责任。明知不符合安全生产有关条件,仍指挥作业人员冒险作业。

(2)违章作业。作业人员没有安全生产常识,不懂安全生产规章制度和操作规程,或者在知道基本安全知识的情况下,在作业过程中,违反安全生产规章制度和操作规程,不顾国家、集体的财产和他人、自己的生命安全,擅自作业,冒险蛮干。

(3)违反劳动纪律。上班时不知道劳动纪律,或者不遵守劳动纪律,违反劳动纪律进行冒险作业,造成不安全因素。

2. 牢记"三宝"和"四口、五临边"

(1)"三宝"指安全帽、安全带、安全网。安全帽、安全带、安全网是工人的三件宝,只有正确佩戴和使用,才可以保证个人安全。

(2)"四口"指楼梯口、电梯井口、预留洞口、通道口。"五临边"是指尚未安装栏杆的阳台周边、无外架防护的层面周边、框架工程楼层周边、上下跑道及斜道的两侧边、卸料平台的侧边。

"四口、五临边"是施工现场最危险和最容易发生事故的地方,因此对施工现场重要危险部位进行正确的防护,可以有效地减少事故发生,为工人作业提供一个安全的环境。

3. 做到"三不伤害"

"三不伤害"是指不伤害自己、不伤害他人、不被他人伤害。

施工现场每一个操作人员和管理人员都要增强自我保护意识,同时也要对安全生产自觉负起监督的责任,才能达到全员安全的目的。

施工时经常有上下层或者不同工种、不同队伍互相交叉作业的情况,要避免这时候发生危险。相互间协调好,上层作业时,要对作业区域围蔽,有人值守,防止人员进入作业区下方。此外落物伤人,也是工地经常发生的事故之一,进入施工现场,一定要戴好安全帽。作业过程中,观察周围,不伤害他人,也不被他人伤害,这是工地安全的基本原则。自己不违章,只能保证不伤害自己,不伤害别人。要做到不被别人伤害,就要及时制止他人违章。制止他人违章既保护了自己,也保护了他人。

4. 加强"三懂三会"能力

"三懂三会"即懂得本岗位和部门有什么火灾危险性,懂得灭火知识,懂得预防措施;会报火警,会使用灭火器材,会处理初起火灾。

5. 掌握"十项安全技术措施"

(1)按规定使用安全"三宝"。

(2)机械设备防护装置一定要齐全有效。

(3)塔吊等起重设备必须有限位保险装置,不准带病运转,不准超负荷作业,不准在运转中维修保养。

(4)架设电线线路必须符合当地电业局的规定,电气设备必须全部接零接地。

(5)电动机械和手持电动工具要设置漏电保护器。

(6)脚手架材料及脚手架的搭设必须符合规程要求。

(7)各种缆风绳及其设置必须符合规程要求。

(8)在建工程的楼梯口、电梯口、预留洞口、通道口,必须有防护设施。

(9)严禁赤脚或穿高跟鞋、拖鞋进入施工现场,高空作业不准穿硬底和带钉易滑的鞋靴。

(10)施工现场的悬崖、陡坎等危险地区应设警戒标志,夜间要设红灯示警。

6.施工现场行走或上下的"十不准"

(1)不准从正在起吊、运吊中的物件下通过。

(2)不准从高处往下跳或奔跑作业。

(3)不准在没有防护的外墙和外壁板等建筑物上行走。

(4)不准站在小推车等不稳定的物体上操作。

(5)不得攀登起重臂、绳索、脚手架、井字架、龙门架和随同运料的吊盘及吊装物上下。

(6)不准进入挂有"禁止出入"或设有危险警示标志的区域、场所。

(7)不准在重要的运输通道或上下行走通道上逗留。

(8)未经允许不准私自进入非本单位作业区域或管理区域,尤其是存有易燃、易爆物品的场所。

(9)严禁在无照明设施、无足够采光条件的区域、场所内行走、逗留。

(10)不准无关人员进入施工现场。

7.做到"十不盲目操作"

做到"十不盲目操作",是防止违章和事故的基本操作要求。

(1)新工人未经三级安全教育,复工换岗人员未经安全岗位教育,不盲目操作。

(2)特殊工种人员、机械操作工未经专门安全培训,无有效安全上岗操作证,不盲目操作。

(3)施工环境和作业对象情况不清,施工前无安全措施或作业安全交底不清,不盲目操作。

(4)新技术、新工艺、新设备、新材料、新岗位无安全措施,未进行安全培训教育、交底,不盲目操作。

(5)安全帽和作业所必需的个人防护用品不落实,不盲目操作。

(6)脚手、吊篮、塔吊、井字架、龙门架、外用电梯、起重机械、电焊机、钢筋机械、木工平刨、圆盘锯、搅拌机、打桩机等设施设备和现浇混凝土模板支撑、搭设安装后,未经验收合格,不盲目操作。

(7)作业场所安全防护措施不落实,安全隐患不排除,威胁人身和国家财产安全时,不盲目操作。

(8)凡上级或管理干部违章指挥,有冒险作业情况时,不盲目操作。

(9)高处作业、带电作业、禁火区作业、易燃易爆作业、爆破性作业、有中毒或窒息危险的作业和科研实验等其他危险作业的,均应由上级指派,并经安全交底;未经指派批准、未经安全交底和无安全防护措施,不盲目操作。

（10）隐患未排除,有自己伤害自己、自己伤害他人、自己被他人伤害的不安全因素存在时,不盲目操作。

8."防止坠落和物体打击"的十项安全要求

（1）高处作业人员必须着装整齐,严禁穿硬塑料底等易滑鞋、高跟鞋,工具应随手放入工具袋中。

（2）高处作业人员严禁相互打闹,以免失足发生坠落事故。

（3）在进行攀登作业时,攀登用具结构必须牢固可靠,使用必须正确。

（4）各类手持机具使用前应检查,确保安全牢靠。洞口临边作业应防止物件坠落。

（5）施工人员应从规定的通道上下,不得攀爬脚手架、跨越阳台,不得在非规定通道进行攀登、行走。

（6）进行悬空作业时,应有牢靠的立足点并正确系挂安全带;现场应视具体情况配置防护栏网、栏杆或其他安全设施。

（7）高处作业时,所有物料应该堆放平稳,不可放置在临边或洞口附近,且不可妨碍通行。

（8）高处拆除作业时,对拆卸下的物料、建筑垃圾都要加以清理和及时运走,不得在走道上任意乱置或向下丢弃,保持作业走道畅通。

（9）高处作业时,不准往下或向上乱抛材料和工具等物件。

（10）各施工作业场所内,凡有坠落可能的任何物料,都应先行撤除或加以固定,拆卸作业要在设有禁区、有人监护的条件下进行。

9. 防止机械伤害的"一禁、二必须、三定、四不准"

(1)一禁。不懂电器和机械的人员严禁使用和摆弄机电设备。

(2)二必须。

①机电设备应完好,必须有可靠有效的安全防护装置。

②机电设备停电、停工休息时必须拉闸关机,按要求上锁。

(3)三定。

①机电设备应做到定人操作,定人保养、检查。

②机电设备应做到定机管理、定期保养。

③机电设备应做到定岗位和岗位职责。

(4)四不准。

①机电设备不准带病运转。

②机电设备不准超负荷运转。

③机电设备不准在运转时维修保养。

④机电设备运行时,操作人员不准将头、手、身伸入运转的机械行程范围内。

10. "防止车辆伤害"的十项安全要求

(1)未经劳动、公安交通部门培训合格的持证人员,不熟悉车辆性能者不得驾驶车辆。

(2)应坚持做好例保工作,车辆制动器、喇叭、转向系统、灯光等影响安全的部件如作用不良,不准出车。

(3)严禁翻斗车、自卸车的车厢乘人,严禁人货混装,车辆载货应不超载、超高、超宽,捆扎应牢固可靠,应防止车内物体失稳跌落伤人。

(4)乘坐车辆应坐在安全处,头、手、身不得露出车厢外,要避免车辆启动制动时跌倒。

（5）车辆进出施工现场，在场内掉头、倒车，在狭窄场地行驶时应有专人指挥。

（6）现场行车进场要减速，并做到"四慢"，即道路情况不明要慢、线路不良要慢，起步、会车、停车要慢，在狭路、桥梁弯路、坡路、叉道、行人拥挤地点及出入大门时要慢。

（7）临近机动车道的作业区和脚手架等设施以及道路中的路障，应加设安全色标、安全标志和防护措施，并要确保夜间有充足的照明。

（8）装卸车作业时，若车辆停在坡道上，应在车轮两侧用楔形木块加以固定。

（9）人员在场内机动车道应避免右侧行走，并做到不平排结队有碍交通；避让车辆时，应不避让于两车交会之中，不站于旁有堆物无法退让的死角。

（10）机动车辆不得牵引无制动装置的车辆，牵引物体时物体上不得有人，人不得进入正在牵引的物与车之间，坡道上牵引时，车和被牵引物下方不得有人作业和停留。

11. "防止触电伤害"的十项安全操作要求

根据安全用电"装得安全、拆得彻底、用得正确、修得及时"的基本要求，为防止触电伤害的操作要求有：

（1）非电工严禁拆接电气线路、插头、插座、电气设备、电灯等。

（2）使用电气设备前必须检查线路、插头、插座、漏电保护装置是否完好。

（3）电气线路或机具发生故障时，应找电工处理，非电工不得自行修理或排除故障。

（4）使用振捣器等手持电动机械和其他电动机械从事湿作业时，要由电工接好电源，安装上漏电保护器，操作者必须穿戴好绝缘鞋、绝缘手套后再进行作业。

（5）搬迁或移动电气设备必须先切断电源。

（6）搬运钢筋、钢管及其他金属物时，严禁触碰到电线。

（7）禁止在电线上挂晒物料。

（8）禁止使用照明器烘烤、取暖，禁止擅自使用电炉和其他电加热器。

（9）在架空输电线路附近工作时，应停止输电，不能停电时，应有隔离措施，要保持安全距离，防止触碰。

（10）电线必须架空，不得在地面、施工楼面随意乱拖，若必须通过地面、楼面时，应有过路保护，物料、车、人不准压踏碾磨电线。

12. 施工现场防火安全规定

（1）施工现场要有明显的防火宣传标志。

（2）施工现场必须设置临时消防车道。其宽度不得小于3.5m，并保证临时消防车道的畅通，禁止在临时消防车道上堆物、堆料或挤占临时消防车道。

（3）施工现场必须配备消防器材，做到布局合理。要害部位应配备不少于4具的灭火器，要有明显的防火标志，并经常检查、维护、保养，保证灭火器材灵敏有效。

（4）施工现场消火栓应布局合理，消防干管直径不小于100mm，消火栓处昼夜要设有明显标志，配备足够的水龙带，周围3m内不准存放物品。地下消火栓必须符合防火规范。

（5）高度超过24m的建筑工程，应安装临时消防竖管。管径不得小于75mm，每层设消火栓口，配备足够的水龙带。消防水要保证足够的水源和水压,严禁消防竖管作为施工用水管线。消防泵房应使用非燃材料建造,位置设置合理,便于操作,并设专人管理,保证消防供水。消防泵的专用配电线路应引自施工现场总断路器的上端,要保证连续不间断供电。

(6)电焊工、气焊工从事电气设备安装的电焊、气焊切割作业,要有操作证和用火证。用火前,要对易燃、可燃物采取清除、隔离等措施,配备看火人员和灭火器具,作业后必须确认无火源隐患后方可离去。用火证当日有效。用火地点变换,要重新办理用火证手续。

(7)氧气瓶、乙炔瓶工作间距不小于5m,两瓶与明火作业距离不小于10m。建筑工程内禁止氧气瓶、乙炔瓶存放,禁止使用液化石油气"钢瓶"。

(8)施工现场使用的电气设备必须符合防火要求。临时用电必须安装过载保护装置,电闸箱内不准使用易燃、可燃材料。严禁超负荷使用电气设备。

(9)施工材料的存放、使用应符合防火要求。库房应采用非燃材料支搭,易燃易爆物品应专库储存,分类单独存放,保持通风,用电符合防火规定。不准在工程内、库房内调配油漆、稀料。

(10)工程内部不准作为仓库使用,不准存放易燃、可燃材料,因施工需要进入工程内部的可燃材料,要根据工程计划限量进入并采取可靠的防火措施。废弃材料应及时消除。

(11)施工现场使用的安全网、密目式安全网、密目式防尘网、保温材料,必须符合消防安全规定,不得使用易燃、可燃材料。

(12)施工现场严禁吸烟,不得在建筑工程内部设置宿舍。

(13)施工现场和生活区,未经有关部门批准不得使用电热器具。严禁工程中明火保温施工及宿舍内明火取暖。

(14)从事油漆粉刷或防水等有毒及易燃危险作业时,要有具体的防火要求,必要时派专人看护。

(15)生活区的设置必须符合消防管理规定。严禁使用可燃材料搭设,宿舍内不得卧床吸烟,房间内住 20 人以上必须设置不少于 2 处的安全门,居住 100 人以上,要有消防安全通道及人员疏散预案。

(16)生活区的用电要符合防火规定。食堂使用的燃料必须符合使用规定,用火点和燃料不能在同一房间内,使用时要有专人管理,停火时将总开关关闭,经常检查有无泄漏。

三、高处作业安全知识

1. 高处作业的一般施工安全规定和技术措施

按照《高处作业分级》(GB/T 3608—2008)规定:凡在坠落高度基准面 2m 以上(含 2m)的可能坠落的高处所进行的作业,都称为高处作业。

在施工现场高处作业中,如果未防护、防护不好或作业不当都可能发生人或物的坠落。人从高处坠落的事故,称为高处坠落事故。物体从高处坠落砸着下面人的事故,称为物体打击事故。建筑施工中的高处作业主要包括临边、洞口、攀登、悬空、交叉作业等类型,这些是高处作业伤亡事故可能发生的主要地点。

高处作业时的安全措施有设置防护栏杆,孔洞加盖,安装安全防护门,满挂安全平立网,必要时设置安全防护棚等。

(1)施工前,应逐级进行安全技术教育及交底,落实所有安全技术措施和个人防护用品,未经落实时不得进行施工。

（2）高处作业中的安全标志、工具、仪表、电气设施和各种设备,必须在施工前加以检查,确认其完好,方能投入使用。

（3）悬空、攀登高处作业以及搭设高处安全设施的人员必须按照国家有关规定,经过专门的安全作业培训,并取得特种作业操作资格证书后,方可上岗作业。

（4）从事高处作业的人员必须定期进行身体检查,诊断患有心脏病、贫血、高血压、癫痫病、恐高症及其他不适宜高处作业的疾病时,不得从事高处作业。

（5）高处作业人员应头戴安全帽,身穿紧口工作服,脚穿防滑鞋,腰系安全带。

（6）高处作业场所有坠落可能的物体,应一律先行撤除或予以固定。所用物件均应堆放平稳,不妨碍通行和装卸。工具应随手放入工具袋,拆卸下的物件及余料和废料均应及时清理运走,清理时应采用传递或系绳提溜方式,禁止抛掷。

（7）遇有六级以上强风、浓雾和大雨等恶劣天气,不得进行露天悬空与攀登高处作业。台风暴雨后,应对高处作业安全设施逐一检查,发现有松动、变形、损坏或脱落、漏雨、漏电等现象,应立即修理完善或重新设置。

（8）所有安全防护设施和安全标志等,任何人都不得损坏或擅自移动和拆除。因作业必须临时拆除或变动安全防护设施、安全标志时,必须经有关施工负责人同意,并采取相应的可靠措施,作业完毕后立即恢复。

（9）施工中对高处作业的安全技术设施发现有缺陷和隐患时,必须立即报告,及时解决。危及人身安全时,必须立即停止作业。

2.高处作业的基本安全技术措施

（1）凡是临边作业,都要在临边处设置防护栏杆,一般上杆离地面高度为 1.0～1.2m,下杆离地面高度为 0.5～0.6m;防护栏杆必须自上而下用安全网封闭,或在栏杆下边设置严密固定的高度不低于 18cm 的挡脚板或 40cm 的挡脚竹笆。

(2)对于洞口作业,可根据具体情况采取设防护栏杆、加盖板、张挂安全网与装栅门等措施。

(3)进行攀登作业时,作业人员要从规定的通道上下,不能在阳台之间等非规定通道进行攀登,也不得任意利用吊车车臂架等施工设备进行攀登。

(4)进行悬空作业时,要设有牢靠的作业立足处,并视具体情况设防护栏杆,搭设架手架、操作平台,使用马凳,张挂安全网或其他安全措施;作业所用索具、脚手板、吊篮、吊笼、平台等设备,均需经技术鉴定方能使用。

(5)进行交叉作业时,注意不得在上下同一垂直方向上操作,下层作业的位置必须处于依上层高度确定的可能坠落范围之外。不符合以上条件时,必须设置安全防护层。

(6)结构施工自二层起,凡人员进出的通道口(包括井架、施工电梯的进出口),均应搭设安全防护棚。高度超过 24m 时,防护棚应设双层。

(7)建筑施工进行高处作业之前,应进行安全防护设施的检查和验收。验收合格后,方可进行高处作业。

3. 高处作业安全防护用品使用常识

由于建筑行业的特殊性,高处作业中发生高处坠落、物体打击事故的比例最大。要避免伤亡事故,作业人员必须正确佩戴安全帽,调好帽箍,系好帽带;正确使用安全带,高挂低用;按规定架设安全网。

(1)安全帽。对人体头部受外力伤害(如物体打击)起防护作用的帽子。使用时要注意：

①选用经有关部门检验合格，其上有"安鉴"标志的安全帽。

②使用安全帽前先检查外壳是否破损，有无合格帽衬，帽带是否齐全，如果不符合要求则立即更换。

③调整好帽箍、帽衬(4～5cm)，系好帽带。

(2)安全带。高处作业人员预防坠落伤亡的防护用品。使用时要注意：

①选用经有关部门检验合格的安全带，并保证在使用有效期内。

②安全带严禁打结、续接。

③使用中，要可靠地挂在牢固的地方，高挂低用，且要防止摆动，避免明火和刺割。

④2m 以上的悬空作业，必须使用安全带。

⑤在无法直接挂设安全带的地方，应设置挂安全带的安全拉绳、安全栏杆等。

(3)安全网。用来防止人、物坠落或用来避免、减轻坠落及物体打击伤害的网具。使用时要注意：

①要选用有合格证的安全网；在使用时，必须按规定到有关部门检测、检验合格，方可使用。

②安全网若有破损、老化，应及时更换。

③安全网与架体连接不宜绷得太紧，系结点要沿边分布均匀、绑牢。

④立网不得作为平网使用。

⑤立网必须选用密目式安全网。

四、脚手架作业安全技术常识

1.脚手架的作用及常用架型

脚手架的搭设、拆除作业属悬空、攀登高处作业,其作业人员必须按照国家有关规定经过专门的安全作业培训,并取得特种作业操作资格证书后,方可上岗作业。其他无资格证书的作业人员只能做一些辅助工作,严禁悬空、登高作业。

脚手架的主要作用是在高处作业时供堆料、短距离水平运输及作业人员在上面进行施工作业。高处作业的五种基本类型的安全隐患在脚手架上作业中都会发生。

脚手架应满足以下基本要求:

(1)要有足够的牢固性和稳定性,保证施工期间在所规定的荷载和气候条件下,不产生变形、倾斜和摇晃。

(2)要有足够的使用面积,满足堆料、运输、操作和行走的要求。

(3)构造要简单,搭设、拆除和搬运要方便。

常用脚手架有扣件式钢管脚手架、门型钢管脚手架、碗扣式钢管架等。此外还有附着升降脚手架、吊篮式脚手架、挂式脚手架等。

2.脚手架作业一般安全技术常识

(1)每项脚手架工程都要有经批准的施工方案并严格按照此方案搭设和拆除,作业前必须组织全体作业人员熟悉施工和作业要求,进行安全技术交底。班组长要带领作业人员对施工作业环境及所需工具、安全防护设施等进行检查,消除隐患后方可作业。

(2)脚手架要结合工程进度搭设,结构施工时脚手架要始终高出作业面一步架,但不宜一次搭得过高。未完成的脚手架,作业人员离开作业岗位(休息或下班)时,不得留有未固定的构件,并应保证架子稳定。

脚手架要经验收签字后方可使用。分段搭设时应分段验收。在使用过程中要定期检查,较长时间停用、台风或暴雨过后使用前要进行检查加固。

(3)落地式脚手架基础必须坚实,若是回填土,必须平整夯实,并做好排水措施,以防止地基沉陷引起架子沉降、变形、倒塌。当基础不能满足要求时,可采取挑、吊、撑等技术措施,将荷载分段卸到建筑物上。

(4)设计搭设高度较小(15m 以下)时,可采用抛撑;当设计高度较大时,采用既抗拉又抗压的连墙点(根据规范用柔性或刚性连墙点)。

(5)施工作业层的脚手板要满铺、牢固,离墙间隙不大于15cm,并不得出现探头板;在架子外侧四周设 1.2m 高的防护栏杆及 18cm 的挡脚板,且在作业层下装设安全平网;架体外排立杆内侧挂设密目式安全立网。

(6)脚手架出入口须设置规范的通道口防护棚;外侧临街或高层建筑脚手架,其外侧应设置双层安全防护棚。

(7)架子使用中,通常架上的均布荷载,不应超过规范规定。人员、材料不要太集中。

(8)在防雷保护范围之外,应按规定安装防雷保护装置。

(9)脚手架拆除时,应设警戒区和醒目标志,有专人负责警戒;架体上的材料、杂物等应消除干净;架体若有松动或危险的部位,应予以先行加固,再进行拆除。

(10)拆除顺序应遵循"自上而下,后装的构件先拆,先装的后拆,一步一清"的原则,依次进行。不得上下同时拆除作业,严禁用踏步式、分段、分立面拆除法。

(11)拆下来的杆件、脚手板、安全网等应用运输设备运至地面,严禁从高处向下抛掷。

五、施工现场临时用电安全知识

1. 现场临时用电安全基本原则

(1)建筑施工现场的电工、电焊工属于特种作业工种,必须按国家有关规定经专门安全作业培训,取得特种作业操作资格证书,方可上岗作业。其他人员不得从事电气设备及电气线路的安装、维修和拆除。

(2)建筑施工现场必须采用 TN-S 接零保护系统,即具有专用保护零线(PE 线)、电源中性点直接接地的 220/380V 三相五线制系统。

(3)建筑施工现场必须按"三级配电二级保护"设置。

(4)施工现场的用电设备必须实行"一机、一闸、一漏、一箱"制,即每台用电设备必须有自己专用的开关箱,专用开关箱内必须设置独立的隔离开关和漏电保护器。

(5)严禁在高压线下方搭设临建、堆放材料和进行施工作业;在高压线一侧作业时,必须保持至少 6m 的水平距离,达不到上述距离时,必须采取隔离防护措施。

(6)在宿舍工棚、仓库、办公室内,严禁使用电饭煲、电水壶、电炉、电热杯等较大功率电器。如需使用,应由项目部安排专业电工在指定地点安装,可使用较高功率电器的电气线路和控制器。严禁使用不符合安全要求的电炉、电热棒等。

(7)严禁在宿舍内乱拉、乱接电源,非专职电工不准乱接或更换熔丝,不准以其他金属丝代替熔丝(保险丝)。

（8）严禁在电线上晾衣服和挂其他东西等。

（9）搬运较长的金属物体,如钢筋、钢管等材料时,应注意不要碰触到电线。

（10）在临近输电线路的建筑物上作业时,不能随便往下扔金属类杂物;更不能触摸、拉动电线或与电线接触的钢丝和电杆的拉线。

（11）移动金属梯子和操作平台时,要观察高处输电线路与移动物体的距离,确认有足够的安全距离,再进行作业。

（12）在地面或楼面上运送材料时,不要踏在电线上;停放手推车,堆放钢模板、跳板、钢筋时,不要压在电线上。

（13）移动有电源线的机械设备,如电焊机、水泵、小型木工机械等,必须先切断电源,不能带电搬动。

（14）当发现电线坠地或设备漏电时,切不可随意跑动和触摸金属物体,并应保持 10m 以上距离。

2. 安全电压

安全电压是为防止触电事故而采用的 50V 以下特定电源供电的电压系列,分为 42V、36V、24V、12V 和 6V 五个等级,根据不同的作业条件,选用不同的安全电压等级。建筑施工现场常用的安全电压有 12V、24V、36V。

以下特殊场所必须采用安全电压照明供电:

（1）室内灯具离地面低于 2.4m,手持照明灯具、一般潮湿作业场所（地下室、潮湿室内、潮湿楼梯、隧道、人防工程以及有高温、导电灰尘等）的照明,电源电压应不大于 36V。

（2）潮湿和易触及带电体场所的照明电源电压,应不大于 24V。

（3）在特别潮湿的场所、锅炉或金属容器内、导电良好的地面使用手持照明灯具等,照明电源电压不得大于 12V。

3. 电线的相色

(1)正确识别电线的相色。

电源线路可分为工作相线(火线)、专用工作零线和专用保护零线。一般情况下,工作相线(火线)带电危险,专用工作零线和专用保护零线不带电(但在不正常情况下,工作零线也可以带电)。

(2)相色规定。

一般相线(火线)分为 A、B、C 三相,分别为黄色、绿色、红色;工作零线为黑色;专用保护零线为黄绿双色线。

严禁用黄绿双色、黑色、蓝色线充当相线,也严禁用黄色、绿色、红色线作为工作零线和保护零线。

4. 插座的使用

要正确使用与安装插座。

(1)插座分类。

常用的插座分为单相双孔、单相三孔和三相三孔、三相四孔等。

(2)选用与安装接线。

①三孔插座应选用"品字形"结构,不应选用等边三角形排列的结构,因为后者容易发生三孔互换,造成触电事故。

②插座在电箱中安装时,必须首先固定安装在安装板上,接地极与箱体一起作可靠的 PE 保护。

③三孔或四孔插座的接地孔(较粗的一个孔),必须置于顶部位置,不可倒置,两孔插座应水平并列安装,不准垂直并列安装。

④插座接线要求：对于两孔插座，左孔接零线，右孔接相线；对于三孔插座，左孔接零线，右孔接相线，上孔接保护零线；对于四孔插座，上孔接保护零线，其他三孔分别接 A、B、C 三根相线。

5."用电示警"标志

正确识别"用电示警"标志或标牌，不得随意靠近、随意损坏和挪动标牌（表 3-1）。进入施工现场的每个人都必须认真遵守用电管理规定，见到用电示警标志或标牌时，不得随意靠近，更不准随意损坏、挪动标牌。

表 3-1　　　　　　　　　　用电示警标志分类和使用

分类　　使用	颜色	使用场所
常用电力标志	红色	配电房、发电机房、变压器等重要场所
高压示警标志	字体为黑色，箭头和边框为红色	需高压示警场所
配电房示警标志	字体为红色，边框为黑色（或字与边框交换颜色）	配电房或发电机房
维护检修示警标志	底为红色，字为白色（或字为红色，底为白色，边框为黑色）	维护检修时相关场所
其他用电示警标志	箭头为红色，边框为黑色，字为红色或黑色	其他一般用电场所

6.电气线路的安全技术措施

（1）施工现场电气线路全部采用"三相五线制"（TN-S 系统）专用保护接零（PE 线）系统供电。

（2）施工现场架空线采用绝缘铜线。

（3）架空线设在专用电杆上，严禁架设在树木、脚手架上。

（4）导线与地面保持足够的安全距离。

导线与地面最小垂直距离：施工现场应不小于 4m；机动车道应不小于 6m；铁路轨道应不小于 7.5m。

（5）无法保证规定的电气安全距离时，必须采取防护措施。

如果由于在建工程位置限制而无法保证规定的电气安全距离，必须采取设置防护性遮拦、栅栏，悬挂警告标志牌等防护措施，发生高压线断线落地时，非检修人员要远离落地处 10m 以外，以防跨步电压危害。

（6）为了防止设备外壳带电发生触电事故，设备应采用保护接零，并安装漏电保护器等措施。作业人员要经常检查保护零线连接是否牢固可靠，漏电保护器是否有效。

（7）在电箱等用电危险地方，挂设安全警示牌。如"有电危险""禁止合闸，有人工作"等。

7. 照明用电的安全技术措施

施工现场临时照明用电的安全要求如下：

（1）临时照明线路必须使用绝缘导线。户内（工棚）临时线路的导线必须安装在离地 2m 以上的支架上；户外临时线路必须安装在离地 2.5m 以上的支架上，零星照明线不允许使用花线，一般应使用软电缆线。

（2）建设工程的照明灯具宜采用拉线开关。拉线开关距地面高度为 2～3m，与出口、入口的水平距离为 0.15～0.2m。

（3）严禁在床头设立开关和插座。

（4）电器、灯具的相线必须经过开关控制。

不得将相线直接引入灯具，也不允许以电气插头代替开关

来分合电路,室外灯具距地面不得低于 3m;室内灯具不得低于
2.4m。

(5)使用手持照明灯具(行灯)应符合一定的要求:

①电源电压不超过 36V。

②灯体与手柄应坚固,绝缘良好,并耐热防潮湿。

③灯头与灯体结合牢固。

④灯泡外部要有金属保护网。

⑤金属网、反光罩、悬吊挂钩应固定在灯具的绝缘部位上。

(6)照明系统中每一单相回路上,灯具和插座数量不宜超过
25 个,并应装设熔断电流为 15A 以下的熔断保护器。

◗◗　8. 配电箱与开关箱的安全技术措施

施工现场临时用电一般采用三级配电方式,即总配电箱(或配
电室),下设分配电箱,再以下设开关箱,开关箱以下就是用电设备。

配电箱和开关箱的使用安全要求如下:

(1)配电箱、开关箱的箱体材料,一般应选用钢板,亦可选用
绝缘板,但不宜选用木质材料。

(2)配电箱、开关箱应安装端正、牢固,不得倒置、歪斜。

固定式配电箱、开关箱的下底与地面垂直距离应大于或等
于 1.3m 且小于或等于 1.5m;移动式配电箱、开关箱的下底与
地面的垂直距离应大于或等于 0.6m 且小于或等于 1.5m。

(3)进入开关箱的电源线,严禁用插销连接。

(4)电箱之间的距离不宜太远。

配电箱与开关箱的距离不得超过 30m。开关箱与固定式用
电设备的水平距离不宜超过 3m。

(5)每台用电设备应有各自专用的开关箱,且必须满足"一
机、一闸、一漏、一箱"的要求,严禁用同一个开关电器直接控制

两台及两台以上用电设备(含插座)。

开关箱中必须设漏电保护器,其额定漏电动作电流应不大于 30mA,漏电动作时间应不大于 0.1s。

(6)所有配电箱门应配锁,不得在配电箱和开关箱内挂接或插接其他临时用电设备,开关箱内严禁放置杂物。

(7)配电箱、开关箱的接线应由电工操作,非电工人员不得乱接。

9. 配电箱和开关箱的使用要求

(1)在停电、送电时,配电箱、开关箱之间应遵守合理的操作顺序。

送电操作顺序:总配电箱→分配电箱→开关箱。

断电操作顺序:开关箱→分配电箱→总配电箱。

正常情况下,停电时首先分断自动开关,然后分断隔离开关;送电时先合隔离开关,后合自动开关。

(2)使用配电箱、开关箱时,操作者应接受岗前培训,熟悉所使用设备的电气性能和掌握有关开关的正确操作方法。

(3)及时检查、维修,更换熔断器的熔丝必须用原规格的熔丝,严禁用铜线、铁线代替。

(4)配电箱的工作环境应经常保持设置时的要求,不得在其周围堆放任何杂物,保持必要的操作空间和通道。

(5)维修机器停电作业时,要与电源负责人联系停电,要悬挂警示标志,卸下保险丝,锁上开关箱。

10. 手持电动机具的安全使用要求

(1)一般场所应选用Ⅰ类手持式电动工具,并应装设额定漏电动作电流不大于 15mA、额定漏电动作时间小于 0.1s 的漏电保护器。

（2）在露天、潮湿场所或金属构架上操作时，必须选用Ⅱ类手持式电动工具，并装设漏电保护器，严禁使用Ⅰ类手持式电动工具。

（3）负荷线必须采用耐用的橡皮护套铜芯软电缆。

单相用三芯（其中一芯为保护零线）电缆；三相用四芯（其中一芯为保护零线）电缆；电缆不得有破损或老化现象，中间不得有接头。

（4）手持电动工具应配备装有专用的电源开关和漏电保护器的开关箱，严禁一台开关接两台以上设备，其电源开关应采用双刀控制。

（5）手持电动工具开关箱内应采用插座连接，其插头、插座应无损坏、无裂纹，且绝缘良好。

（6）使用手持电动工具前，必须检查外壳、手柄、负荷线、插头等是否完好无损，接线是否正确（防止相线与零线错接）；发现工具外壳、手柄破裂，应立即停止使用并进行更换。

（7）非专职人员不得擅自拆卸和修理工具。

（8）作业人员使用手持电动工具时，应穿绝缘鞋，戴绝缘手套，操作时握其手柄，不得利用电缆提拉。

（9）长期搁置不用或受潮的工具在使用前应由电工测量绝缘阻值是否符合要求。

11. 触电事故及原因分析

（1）缺乏电气安全知识，自我保护意识淡薄。

电气设施安装或接线不是由专业电工操作，而是由非专业人员安装。安装人又无基本的电气安全知识，装设不符合电气基本要求，造成意外的触电事故。发生这种触电事故的原因都是缺乏电气安全知识,无自我保护意识。

（2）违反安全操作规程。

施工现场中,有人图方便,不用插头,在电箱乱拉乱接电线。还有人在宿舍私自拉接电线照明,在床上接音响设备、电风扇,有的甚至烧水、做饭等,极易造成触电事故。也有人凭经验用手去试探电器是否带电或不采取安全措施带电作业,或带着侥幸心理,在带电体(如高压线)周围,不采取任何安全措施,违章作业,造成触电事故等。

（3）不使用"TN-S"接零保护系统。

有的工地未使用"TN-S"接零保护系统,或者未按要求连接专用保护接零线,无有效地安全保护系统。不按"三级配电二级保护""一机、一闸、一漏、一箱"设置,造成工地用电使用混乱,易造成误操作,并且在触电时,使得安全保护系统未起可靠的安全保护效果。

（4）电气设备安装不合格。

电气设备安装必须遵守安全技术规定,否则由于安装错误,当人身接触带电部分时,就会造成触电事故。如电线高度不符合安全要求,太低,架空线乱拉、乱扯,有的还将电线拴在脚手架上,导线的接头只用老化的绝缘布包上,以及电气设备没有做保护接地、保护接零等,一旦漏电就会发生严重触电事故。

（5）电气设备缺乏正常检修和维护。

由于电气设备长期使用,易出现电气绝缘老化、导线裸露、胶盖刀闸胶木破损、插座盖子损坏等。如不及时检修,一旦漏电,将造成严重后果。

（6）偶然因素。

电力线被风刮断,导线接触地面引起跨步电压,当人走近该地区时就会发生触电事故。

六、起重吊装机械安全操作常识

1.基本要求

塔式起重机、施工电梯、物料提升机等施工起重机械的操作(也称为司机)、指挥、司索等作业人员属特种作业,必须按国家有关规定经专门安全作业培训,取得特种作业操作资格证书,方可上岗作业。

施工起重机械(也称垂直运输设备)必须由有相应的制造(生产)许可证的企业生产,并有出厂合格证。其安装、拆除、加高及附墙施工作业,必须由有相应作业资格的队伍作业,作业人员必须按国家有关规定经专门安全作业培训,取得特种作业操作资格证书,方可上岗作业。其他非专业人员不得上岗作业。安装、拆卸、加高及附墙施工作业前,必须有经审批、审查的施工方案,并进行方案及安全技术交底。

2.塔式起重机使用安全常识

(1)起重机"十不吊"。

①起重臂和吊起的重物下面有人停留或行走不准吊。

②起重指挥应由技术培训合格的专职人员担任,无指挥或信号不清不准吊。

③钢筋、型钢、管材等细长和多根物件必须捆扎牢靠,多点起吊。单头"千斤"或捆扎不牢靠不准吊。

④多孔板、积灰斗、手推翻斗车不用四点吊或大模板外挂板不用卸甲不准吊。预制钢筋混凝土楼板不准双拼吊。

⑤吊砌块必须使用安全可靠的砌块夹具,吊砖必须使用砖笼,并堆放整齐。木砖、预埋件等零星物件要用盛器堆放稳妥,

叠放不齐不准吊。

⑥楼板、大梁等吊物上站人不准吊。

⑦埋入地下的板桩、井点管等以及粘连、附着的物件不准吊。

⑧多机作业,应保证所吊重物距离不小于 3m,在同一轨道上多机作业,无安全措施不准吊。

⑨六级以上强风不准吊。

⑩斜拉重物或超过机械允许荷载不准吊。

(2)塔式起重机吊运作业区域内严禁无关人员入内,起吊物下方不准站人。

(3)司机(操作)、指挥、司索等工种应按有关要求配备,其他人员不得作业。

(4)六级以上强风不准吊运物件。

(5)作业人员必须听从指挥人员的指挥,吊物起吊前作业人员应撤离。

(6)吊物的捆绑要求。

①吊运物件时,应清楚重量,吊运点及绑扎应牢固可靠。

②吊运散件物时,应用铁制合格料斗,料斗上应设有专用的牢固的吊装点;料斗内装物高度不得超过料斗上口边,散粒状的轻浮易撒物盛装高度应低于上口边线 10cm。

③吊运长条状物品(如钢筋、长条状木方等),所吊物件应在物品上选择两个均匀、平衡的吊点,绑扎牢固。

④吊运有棱角、锐边的物品时,钢丝绳绑扎处应做好防护措施。

3. 施工电梯使用安全常识

施工电梯也称外用电梯,也有称为(人、货两用)施工升降机,是施工现场垂直运输人员和材料的主要机械设备。

(1)施工电梯投入使用前,应在首层搭设出入口防护棚,防护棚应符合有关高处作业规范。

(2)电梯在大雨、大雾、六级以上大风以及导轨架、电缆等结冰时,必须停止使用,并将梯笼降到底层,切断电源。暴风雨后,应对电梯各安全装置进行一次检查,确认正常,方可使用。

(3)电梯底笼周围 2.5m 范围,应设置防护栏杆。

(4)电梯各出料口运输平台应平整牢固,还应安装牢固可靠的栏杆和安全门,使用时安全门应保持关闭。

(5)电梯使用应有明确的联络信号,禁止用敲打、呼叫等方式联络。

(6)乘坐电梯时,应先关好安全门,再关好梯笼门,方可启动电梯。

(7)梯笼内乘人或载物时,应使载荷均匀分布,不得偏重;严禁超载运行。

(8)等候电梯时,应站在建筑物内,不得聚集在通道平台上,也不得将头手伸出栏杆和安全门外。

(9)电梯每班首次载重运行时,当梯笼升离地面 1～2m 时,应停机试验制动器的可靠性;当发现制动效果不良时,应调整或修复后方可投入使用。

(10)操作人员应根据指挥信号操作。作业前应鸣声示意。在电梯未切断总电源开关前,操作人员不得离开操作岗位。

(11)施工电梯发生故障的处理。

①当运行中发现异常情况时,应立即停机并采取有效措施,将梯笼降到底层,排除故障后方可继续运行。

②在运行中发现电梯失控时,应立即按下急停按钮;在未排除故障前,不得打开急停按钮。

③在运行中发现制动器失灵时,可将梯笼开至底层维修;或者让其下滑防坠安全器制动。

④在运行中发现故障时,不要惊慌,电梯的安全装置将提供可靠的保护;应听从专业人员的安排,或等待修复,或听从专业人员的指挥撤离。

(12)作业后,应将梯笼降到底层,各控制开关拨到零位,切断电源,锁好开关箱,闭锁梯笼门和围护门。

4.物料提升机使用安全常识

物料提升机有龙门架、井字架式的,也有的称为(货用)施工升降机,是施工现场物料垂直运输的主要机械设备。

(1)物料提升机用于运载物料,严禁载人上下;装卸料人员、维修人员必须在安全装置可靠或采取了可靠的措施后,方可进入吊笼内作业。

(2)物料提升机进料口必须加装安全防护门,并按高处作业规范搭设防护棚,并设安全通道,防止从棚外进入架体中。

(3)物料提升机在运行时,严禁对设备进行保养、维修,任何人不得攀登架体或从架体内穿过。

(4)运载物料的要求。

①运送散料时,应使用料斗装载,并放置平稳;使用手推斗车装置于吊笼时,必须将手推斗车平稳并制动放置,注意车把手及车不能伸出吊笼。

②运送长料时,物料不得超出吊笼;物料立放时,应捆绑牢固。

③物料装载时,应均匀分布,不得偏重,严禁超载运行。

(5)物料提升机的架体应有附墙或缆风绳,并应牢固可靠,符合说明书和规范的要求。

(6)物料提升机的架体外侧应用小网眼安全网封闭,防止物料在运行时坠落。

(7)禁止在物料提升机架体上进行焊接、切割或者钻孔等作业,防止损伤架体的任何构件。

(8)出料口平台应牢固可靠,并应安装防护栏杆和安全门。运行时安全门应保持关闭。

(9)吊笼上应有安全门,防止物料坠落;并且安全门应与安全停靠装置联锁。安全停靠装置应灵敏可靠。

(10)楼层安全防护门应有电气或机械锁装置,在安全门未可靠关闭时,禁止吊笼运行。

(11)作业人员等待吊笼时,应在建筑物内或者平台内距安全门1m以外处等待。严禁将头、手伸出栏杆或安全门。

(12)进出料口应安装明确的联络信号,高架提升机还应有可视系统。

5.起重吊装作业安全常识

起重吊装是指建筑工程中,采用相应的机械设备和设施来完成结构吊装和设施安装,属于危险作业,作业环境复杂,技术难度大。

(1)作业前应根据作业特点编制专项施工方案,并对参加作业人员进行方案和安全技术交底。

(2)作业时周边应设置警戒区域,设置醒目的警示标志,防止无关人员进入;特别危险处应设监护人员。

(3)起重吊装作业大多数作业点都必须由专业技术人员作业;属于特种作业的人员必须按国家有关规定经专门安全作业培训,取得特种作业操作资格证书,方可上岗作业。

(4)作业人员应根据现场作业条件选择安全的位置作业。

在卷扬机与地滑轮穿越钢丝绳的区域,禁止人员站立和通行。

(5)吊装过程必须设有专人指挥,其他人员必须服从指挥。起重指挥不能兼作其他工种,并应确保起重司机清晰准确地听到指挥信号。

(6)作业过程必须遵守起重机"十不吊"原则。

(7)被吊物的捆绑要求,按塔式起重机被吊物捆绑作业要求。

(8)构件存放场地应该平整坚实。构件叠放用方木垫平,必须稳固,不准超高(一般不宜超过 1.6m)。构件存放除设置垫木外,必要时要设置相应的支撑,提高其稳定性。禁止无关人员在堆放的构件中穿行,防止发生构件倒塌挤人事故。

(9)在露天遇六级以上大风或大雨、大雪、大雾等天气时,应停止起重吊装作业。

(10)起重机作业时,起重臂和吊物下方严禁有人停留、工作或通过。重物吊运时,严禁人从上方通过。严禁用起重机载运人员。

(11)经常使用的起重工具注意事项。

①手动倒链:操作人员应经培训合格后方可上岗作业,吊物时应挂牢后慢慢拉动倒链,不得斜向拽拉。当一人拉不动时,应查明原因,禁止多人一齐猛拉。

②手搬葫芦:操作人员应经培训合格后方可上岗作业,使用前检查自锁夹钳装置的可靠性,当夹紧钢丝绳后,应能往复运动,否则禁止使用。

③千斤顶:操作人员应经培训合格后方可上岗作业,千斤顶置于平整坚实的地面上,并垫木板或钢板,防止地面沉陷。顶部与光滑物接触面应垫硬木,防止滑动。开始操作应逐渐顶升,注意防止顶歪,始终保持重物的平衡。

七、中小型施工机械安全操作常识

1. 基本安全操作要求

施工机械的使用必须按"定人、定机"制度执行。操作人员必须经培训合格,方可上岗作业,其他人员不得擅自使用。机械使用前,必须对机械设备进行检查,各部位确认完好无损,并空载试运行,符合安全技术要求,方可使用。

施工现场机械设备必须按其控制的要求,配备符合规定的控制设备,严禁使用倒顺开关。在使用机械设备时,必须严格按照安全操作规程,严禁违章作业;发现有故障、有异常响动、温度异常升高时,都必须立即停机,经过专业人员维修,并检验合格后,方可重新投入使用。

操作人员应做到"调整、紧固、润滑、清洁、防腐"十字作业的要求,按有关要求对机械设备进行保养。操作人员在作业时,不得擅自离开工作岗位。下班时,应先将机械停止运行,然后断开电源,锁好电箱,方可离开。

2. 混凝土(砂浆)搅拌机安全操作要求

(1)搅拌机的安装一定要平稳、牢固。长期固定使用时,应埋置地脚螺栓;短期使用时,应在机座上铺设木枕或撑架找平,牢固放置。

(2)料斗提升时,严禁在料斗下工作或穿行。清理料斗坑时,必须先切断电源,锁好电箱,并将料斗双保险钩挂牢或插上保险插销。

(3)运转时,严禁将头或手伸入料斗与机架之间查看,不得用工具或物件伸入搅拌筒内。

(4)运转中严禁保养维修。维修保养搅拌机,必须拉闸断电,锁好电箱,挂好"有人工作,严禁合闸"牌,并有专人监护。

3. 混凝土振动器安全操作要求

常用的混凝土振动器有插入式和平板式。

(1)振动器应安装漏电保护装置,保护接零应牢固可靠。作业时操作人员应穿戴绝缘胶鞋和绝缘手套。

(2)使用前,应检查各部位无损伤,并确认连接牢固,旋转方向正确。

(3)电缆线应满足操作所需的长度。严禁用电缆线拖拉或吊挂振动器。振动器不得在初凝的混凝土、地板、脚手架和干硬的地面上进行试振。在检修或作业间断时,应断开电源。

(4)作业时,振动棒软管的弯曲半径不得小于 500mm,并不得多于两个弯,操作时应将振动棒垂直地沉入混凝土,不得用力硬插、斜推或让钢筋夹住棒头,也不得全部插入混凝土中,插入深度不应超过棒长的 3/4,不宜触及钢筋、芯管及预埋件。

(5)作业停止需移动振动器时,应先关闭电动机,再切断电源。不得用软管拖拉电动机。

(6)平板式振动器工作时,应使平板与混凝土保持接触,待表面出浆,不再下沉后,即可缓慢移动;运转时,不得搁置在已凝或初凝的混凝土上。

(7)移动平板式振动器应使用干燥绝缘的拉绳,不得用脚踢电动机。

4. 钢筋切断机安全操作要求

(1)机械未达到正常转速时,不得切料。切料时,应使用切刀的中、下部位,紧握钢筋对准刃口迅速投入,操作者应站在固定刀片一侧用力压住钢筋,应防止钢筋末端弹出伤人。严禁用两手在刀片两边握住钢筋俯身送料。

(2)不得剪切直径及强度超过机械铭牌规定的钢筋和烧红的钢筋。一次切断多根钢筋时,其总截面积应在规定范围内。

(3)切断短料时,手和切刀之间的距离应保持在150mm以上,如手握端小于400mm时,应采用套管或夹具将钢筋短头压住或夹牢。

(4)运转中严禁用手直接清除切刀附近的断头和杂物。钢筋摆动周围和切刀周围,不得停留非操作人员。

5. 钢筋弯曲机安全操作要求

(1)应按加工钢筋的直径和弯曲半径的要求,装好相应规格的芯轴和成型轴、挡铁轴。芯轴直径应为钢筋直径的2.5倍。挡铁轴应有轴套,挡铁轴的直径和强度不得小于被弯钢筋的直径和强度。

(2)作业时,应将钢筋需弯曲一端插入转盘固定销的间隙内,另一端紧靠机身固定销,并用手压紧;应检查机身固定销并确认安放在挡住钢筋的一侧,方可开动。

(3)作业中,严禁更换轴芯、销子和变换角度以及调整,也不得进行清扫和加油。

(4)对超过机械铭牌规定直径的钢筋严禁进行弯曲。不直的钢筋不得在弯曲机上弯曲。

(5)在弯曲钢筋的作业半径内和机身不设固定销的一侧严禁站人。

(6)转盘换向时,应待停稳后进行。

(7)作业后,应及时清除转盘及插入座孔内的铁锈、杂物等。

6. 钢筋调直切断机安全操作要求

(1)应按调直钢筋的直径,选用适当的调直块及传动速度。调直块的孔径应比钢筋直径大 2~5mm,传动速度应根据钢筋直径选用,直径大的宜选用慢速,经调试合格,方可作业。

(2)在调直块未固定、防护罩未盖好前不得送料。作业中严禁打开各部防护罩并调整间隙。

(3)当钢筋送入后,手与轮应保持一定的距离,不得接近。

(4)送料前应将不直的钢筋端头切除。导向筒前应安装一根 1m 长的钢管,钢筋应穿过钢管再送入调直机前端的导孔内。

7. 钢筋冷拉安全操作要求

(1)卷扬机的位置应使操作人员能见到全部的冷拉场地,卷扬机与冷拉中线的距离不得少于 5m。

(2)冷拉场地应在两端地锚外侧设置警戒区,并应安装防护栏及醒目的警示标志。严禁非作业人员在此停留。操作人员在作业时必须离开钢筋 2m 以外。

(3)卷扬机操作人员必须看到指挥人员发出的信号,并待所有的人员离开危险区后方可作业。冷拉应缓慢、均匀。当有停车信号或有人进入危险区时,应立即停拉,并稍稍放松卷扬机钢丝绳。

(4)夜间作业的照明设施,应装设在张拉危险区外。当需要装设在场地上空时,其高度应超过 5m。灯泡应加防护罩。

8. 圆盘锯安全操作要求

(1)锯片必须平整,锯齿尖锐,不得连续缺齿 2 个,裂纹长度不得超过 20mm。

（2）被锯木料厚度，以锯片能露出木料 10～20mm 为限。

（3）启动后，必须等待转速正常后，方可进行锯料。

（4）关料时，不得将木料左右晃动或者高抬，遇木节要慢送料。锯料长度不小于 500mm。接近端头时，应用推棍送料。

（5）若锯线走偏，应逐渐纠正，不得猛扳。

（6）操作人员不应站在锯片同一直线上操作。手臂不得跨越锯片工作。

9. 蛙式夯实机安全操作要求

（1）夯实作业时，应一人扶夯，一人传递电缆线，且必须戴绝缘手套和穿绝缘鞋。电缆线不得扭结或缠绕，且不得张拉过紧，应保持有 3～4m 的余量。移动时，应将电缆线移至夯机后方，不得隔机扔电缆线，当转向困难时，应停机调整。

（2）作业时，手握扶手应保持机身平衡，不得用力向后压，并应随时调整行进方向。转弯时不宜用力过猛，不得急转弯。

（3）夯实填高土方时，应在边缘以内 100～150mm 夯实 2～3 遍后，再夯实边缘。

（4）在较大基坑作业时，不得在斜坡上夯行，应避免造成夯头后折。

（5）夯实房心土时，夯板应避开房心地下构筑物、钢筋混凝土基桩、机座及地下管道等。

（6）在建筑物内部作业时，夯板或偏心块不得打在墙壁上。

（7）多机作业时，机平列间距不得小于 5m，前后间距不得小于 10m。

（8）夯机前进方向和夯机四周 1m 范围内，不得站立非操作人员。

10. 振动冲击夯安全操作要求

(1)内燃冲击夯启动后,内燃机应慢速运转 3～5min,然后逐渐加大油门,待夯机跳动稳定后,方可作业。

(2)电动冲击夯在接通电源启动后,应检查电动机旋转方向,有错误时应倒换相联系线。

(3)作业时应正确掌握夯机,不得倾斜,手把不宜握得过紧,能控制夯机前进速度即可。

(4)正常作业时,不得使劲往下压手把,以免影响夯机跳起高度。在较松的填料上作业或上坡时,可将手把稍向下压,增加夯机前进速度。

(5)电动冲击夯操作人员必须戴绝缘手套,穿绝缘鞋。作业时,电缆线不应拉得过紧,应经常检查线头安装,不得松动及引起漏电。严禁冒雨作业。

11. 潜水泵安全操作要求

(1)潜水泵宜先装在坚固的篮筐里再放入水中,亦可在水中将泵的四周设立坚固的防护围网。泵应直立于水中,水深不得小于 0.5m,不得在含有泥沙的水中使用。

(2)潜水泵放入水中或提出水面时,应先切断电源,严禁拉拽电缆或出水管。

(3)潜水泵应装设保护接零和漏电保护装置,工作时泵周围 30m 以内水面,不得有人、畜进入。

(4)应经常观察水位变化,叶轮中心至水平距离应在 0.5～3.0m 之间,泵体不得陷入污泥或露出水面。电缆不得与井壁、池壁相擦。

(5)每周应测定一次电动机定子绕组的绝缘电阻,其值应无下降。

12. 交流电焊机安全操作要求

(1)外壳必须有保护接零,应有二次空载降压保护器和触电保护器。

(2)电源应使用自动开关,接线板应无损坏,有防护罩。一次线长度不超过 5m,二次线长度不得超过 30m。

(3)焊接现场 10m 范围内,不得有易燃、易爆物品。

(4)雨天不得室外作业。在潮湿地点焊接时,要站在胶板或其他绝缘材料上。

(5)移动电焊机时,应切断电源,不得用拖拉电缆的方法移动。当焊接中突然停电时,应立即切断电源。

13. 气焊设备安全操作要求

(1)氧气瓶与乙炔瓶使用时的间距不得小于 5m,存放时的间距不得小于 3m,并且距高温、明火等不得小于 10m;达不到上述要求时,应采取隔离措施。

(2)乙炔瓶存放和使用必须立放,严禁倒放。

(3)在移动气瓶时,应使用专门的抬架或小推车;严禁氧气瓶与乙炔瓶混合搬运;禁止直接使用钢丝绳、链条捆绑搬运。

(4)开关气瓶应使用专用工具。

(5)严禁敲击、碰撞气瓶,作业人员工作时不得吸烟。

第4部分 相关法律法规及务工常识

一、相关法律法规(摘录)

1. 中华人民共和国建筑法(摘录)

第三十六条 建筑工程安全生产管理必须坚持安全第一、预防为主的方针,建立健全安全生产的责任制度和群防群治制度。

第四十四条 建筑施工企业必须依法加强对建筑安全生产的管理,执行安全生产责任制度,采取有效措施,防止伤亡和其他安全生产事故的发生。

建筑施工企业的法定代表人对本企业的安全生产负责。

第四十六条 建筑施工企业应当建立健全劳动安全生产教育培训制度,加强对职工安全生产的教育培训;未经安全生产教育培训的人员,不得上岗作业。

第四十七条 建筑施工企业和作业人员在施工过程中,应当遵守有关安全生产的法律、法规和建筑行业安全规章、规程,不得违章指挥或者违章作业。作业人员有权对影响人身健康的作业程序和作业条件提出改进意见,有权获得安全生产所需的防护用品。作业人员对危及生命安全和人身健康的行为有权提出批评、检举和控告。

第四十八条 建筑施工企业应当依法为职工参加工伤保险,缴纳工伤保险费,鼓励企业为从事危险作业的职工办理意外伤害保险,支付保险费。

第五十一条　施工中发生事故时,建筑施工企业应当采取紧急措施减少人员伤亡和事故损失,并按照国家有关规定及时向有关部门报告。

▶ 2.中华人民共和国劳动法(摘录)

第三条　劳动者享有平等就业和选择职业的权利、取得劳动报酬的权利、休息休假的权利、获得劳动安全卫生保护的权利、接受职业技能培训的权利、享受社会保险和福利的权利、提请劳动争议处理的权利以及法律规定的其他劳动权利。劳动者应当完成劳动任务,提高职业技能,执行劳动安全卫生规程,遵守劳动纪律和职业道德。

第十五条　禁止用人单位招用未满十六周岁的未成年人。

第十六条　劳动合同是劳动者与用人单位确立劳动关系、明确双方权利和义务的协议。

建立劳动关系应当订立劳动合同。

第五十四条　用人单位必须为劳动者提供符合国家规定的劳动安全卫生条件和必要的劳动防护用品,对从事有职业危害作业的劳动者应当定期进行健康检查。

第五十五条　从事特种作业的劳动者必须经过专门培训并取得特种作业资格。

第五十六条　劳动者在劳动过程中必须严格遵守安全操作规程。劳动者对用人单位管理人员违章指挥、强令冒险作业,有权拒绝执行;对危害生命安全和身体健康的行为,有权提出批评、检举和控告。

第五十八条　国家对女职工和未成年工实行特殊劳动保护。

未成年工是指年满十六周岁、未满十八周岁的劳动者。

第六十八条　用人单位应当建立职业培训制度,按照国家规定提取和使用职业培训经费,根据本单位实际,有计划地对劳动者进行职业培训。从事技术工种的劳动者,上岗前必须经过培训。

第七十二条　用人单位和劳动者必须依法参加社会保险,缴纳社会保险费。

第七十七条　用人单位与劳动者发生劳动争议,当事人可以依法申请调解、仲裁、提起诉讼,也可协商解决。调解原则适用于仲裁和诉讼程序。

3.中华人民共和国安全生产法(摘录)

第六条　生产经营单位的从业人员有依法获得安全生产保障的权利,并应当依法履行安全生产方面的义务。

第十七条　生产经营单位应当具备本法和有关法律、行政法规和国家标准或者行业标准规定的安全生产条件;不具备安全生产条件的,不得从事生产经营活动。

第十八条　生产经营单位的主要负责人对本单位安全生产工作负有下列职责:

(一)建立、健全本单位安全生产责任制;

(二)组织制定本单位安全生产规章制度和操作规程;

(三)组织制定并实施本单位安全生产教育和培训计划;

(四)保证本单位安全生产投入的有效实施;

(五)督促、检查本单位的安全生产工作,及时消除生产安全事故隐患;

(六)组织制定并实施本单位的生产安全事故应急救援预案;

（七）及时、如实报告生产安全事故。

第二十五条　生产经营单位应当对从业人员进行安全生产教育和培训,保证从业人员具备必要的安全生产知识,熟悉有关的安全生产规章制度和安全操作规程,掌握本岗位的安全操作技能,了解事故应急处理措施,知悉自身在安全生产方面的权利和义务。未经安全生产教育和培训合格的从业人员,不得上岗作业。

第二十七条　生产经营单位的特种作业人员必须按照国家有关规定经专门的安全作业培训,取得相应资格,方可上岗作业。

特种作业人员的范围由国务院安全生产监督管理部门会同国务院有关部门确定。

第四十一条　生产经营单位应当教育和督促从业人员严格执行本单位的安全生产规章制度和安全操作规程;并向从业人员如实告知作业场所和工作岗位存在的危险因素、防范措施以及事故应急措施。

第四十二条　生产经营单位必须为从业人员提供符合国家标准或者行业标准的劳动防护用品,并监督、教育从业人员按照使用规则佩戴、使用。

第四十四条　生产经营单位应当安排用于配备劳动防护用品、进行安全生产培训的经费。

第四十八条　生产经营单位必须依法参加工伤保险,为从业人员缴纳保险费。

国家鼓励生产经营单位投保安全生产责任保险。

第四十九条　生产经营单位与从业人员订立的劳动合同,应当载明有关保障从业人员劳动安全、防止职业危害的事项,以及依法为从业人员办理工伤保险的事项。

生产经营单位不得以任何形式与从业人员订立协议,免除或者减轻其对从业人员因生产安全事故伤亡依法应承担的责任。

第五十条 生产经营单位的从业人员有权了解其作业场所和工作岗位存在的危险因素、防范措施及事故应急措施,有权对本单位的安全生产工作提出建议。

第五十一条 从业人员有权对本单位安全生产工作中存在的问题提出批评、检举、控告,有权拒绝违章指挥和强令冒险作业。

生产经营单位不得因从业人员对本单位安全生产工作提出批评、检举、控告或者拒绝违章指挥、强令冒险作业而降低其工资、福利等待遇,或者解除与其订立的劳动合同。

第五十二条 从业人员发现直接危及人身安全的紧急情况时,有权停止作业或者在采取可能的应急措施后撤离作业场所。

生产经营单位不得因从业人员在前款紧急情况下停止作业或者采取紧急撤离措施而降低其工资、福利等待遇或者解除与其订立的劳动合同。

第五十三条 因生产安全事故受到损害的从业人员,除依法享有工伤保险外,依照有关民事法律尚有获得赔偿的权利的,有权向本单位提出赔偿要求。

第五十四条 从业人员在作业过程中,应当严格遵守本单位的安全生产规章制度和操作规程,服从管理,正确佩戴和使用劳动防护用品。

第五十五条 从业人员应当接受安全生产教育和培训,掌握本职工作所需的安全生产知识,提高安全生产技能,增强事故预防和应急处理能力。

第五十六条 从业人员发现事故隐患或者其他不安全因

素,应当立即向现场安全生产管理人员或者本单位负责人报告;接到报告的人员应当及时予以处理。

4.建设工程安全生产管理条例(摘录)

第十八条　施工起重机械和整体提升脚手架、模板等自升式架设设施的使用达到国家规定的检验、检测期限的,必须经具有专业资质的检验、检测机构检测。经检测不合格的,不得继续使用。

第二十五条　垂直运输机械作业人员、安装拆卸工、爆破作业人员、起重信号工、登高架设作业人员等特种作业人员,必须按照国家有关规定经过专门的安全作业培训,并取得特种作业操作资格证书后,方可上岗作业。

第二十七条　建设工程施工前,施工单位负责项目管理的技术人员应当对有关安全施工的技术要求向施工作业班组、作业人员做出详细说明,并由双方签字确认。

第二十八条　施工单位应当在施工现场入口处、施工起重机械、临时用电设施、脚手架、出入通道口、楼梯口、电梯井口、孔洞口、桥梁口、隧道口、基坑边沿、爆破物及有害危险气体和液体存放处等危险部位,设置明显的安全警示标志。安全标志必须符合国家标准。

第二十九条　施工单位应当将施工现场的办公、生活区与作业区分开设置,并保持安全距离;办公、生活区的选择应当符合安全性要求。职工的膳食、饮水、休息场所等应当符合卫生标准。施工单位不得在尚未竣工的建筑物内设置员工集体宿舍。

施工现场临时搭建的建筑物应当符合安全使用要求。施工现场使用的装配式活动房屋应当具有产品合格证。

第三十二条　施工单位应当向作业人员提供安全防护用具

和安全防护服装,并书面告知危险岗位的操作规程和违章操作的危害。

作业人员有权对施工现场的作业条件、作业程序和作业方式中存在的安全问题提出批评、检举和控告,有权拒绝违章指挥和强令冒险作业。

在施工中发生危及人身安全的紧急情况时,作业人员有权立即停止作业或者在采取必要的应急措施后撤离危险区域。

第三十三条　作业人员应当遵守安全施工的强制性标准、规章制度和操作规程,正确使用安全防护用具、机械设备等。

第三十六条　施工单位应当对管理人员和作业人员每年至少进行一次安全生产教育培训,其教育培训情况记入个人工作档案。安全生产教育培训考核不合格的人员,不得上岗。

第三十七条　作业人员进入新的岗位或者新的施工现场前,应当接受安全生产教育培训。未经教育培训或者教育培训考核不合格的人员,不得上岗作业。

施工单位在采用新技术、新工艺、新设备、新材料时,应当对作业人员进行相应的安全生产教育培训。

第三十八条　施工单位应当为施工现场从事危险作业的人员办理意外伤害保险。

意外伤害保险费由施工单位支付。

5. 工伤保险条例(摘录)

第二条　中华人民共和国境内的企业、事业单位、社会团体、民办非企业单位、基金会、律师事务所、会计师事务所等组织和有雇工的个体工商户(以下称用人单位)应当依照本条例规定参加工伤保险,为本单位全部职工或者雇工(以下称职工)缴纳工伤保险费。

中华人民共和国境内的企业、事业单位、社会团体、民办非企业单位、基金会、律师事务所、会计师事务所等组织的职工和个体工商户的雇工,均有依照本条例的规定享受工伤保险待遇的权利。

第十条　用人单位应当按时缴纳工伤保险费。职工个人不缴纳工伤保险费。

第二十一条　职工发生工伤,经治疗伤情相对稳定后存在残疾、影响劳动能力的,应当进行劳动能力鉴定。

第三十条　职工因工作遭受事故伤害或者患职业病进行治疗,享受工伤医疗待遇……

二、务工就业及社会保险

1. 劳动合同

(1)用人单位应当依法与劳动者签订劳动合同。

劳动合同是劳动者与用人单位确立劳动关系、明确双方权利和义务的协议。建立劳动关系应当订立劳动合同。订立和变更劳动合同,应遵循平等自愿、协商一致的原则,不得违反法律、行政法规的规定。劳动合同应当具备以下必备条款:

①劳动合同期限。即劳动合同的有效时间。

②工作内容。即劳动者在劳动合同有效期内所从事的工作岗位(工种),以及工作应达到的数量、质量指标或者应当完成的任务。

③劳动保护和劳动条件。即为了保障劳动者在劳动过程中的安全、卫生及其他劳动条件,用人单位根据国家有关法律、法规而采取的各项保护措施。

④劳动报酬。即在劳动者提供了正常劳动的情况下,用人

单位应当支付的工资。

⑤劳动纪律。即劳动者在劳动过程中必须遵守的工作秩序和规则。

⑥劳动合同终止的条件。即除了期限以外其他由当事人约定的特定法律事实,这些事实一出现,双方当事人之间的权利义务关系终止。

⑦违反劳动合同的责任。即当事人不履行劳动合同或者不完全履行劳动合同,所应承担的相应法律责任。

(2)试用期应包括在劳动合同期限之中。

根据《中华人民共和国劳动法》(以下简称《劳动法》)规定,用人单位与劳动者签订的劳动合同期限可以分为三类:

①有固定期限,即在合同中明确约定效力期间,期限可长可短,长到几年、十几年,短到一年或者几个月。

②无固定期限,即劳动合同中只约定了起始日期,没有约定具体终止日期。无固定期限劳动合同可以依法约定终止劳动合同条件,在履行中只要不出现约定的终止条件或法律规定的解除条件,一般不能解除或终止,劳动关系可以一直存续到劳动者退休为止。

③以完成一定的工作为期限,即以完成某项工作或者某项工程为有效期限,该项工作或者工程一经完成,劳动合同即终止。

签订劳动合同可以不约定试用期,也可以约定试用期,但试用期最长不得超过6个月。劳动合同期限在6个月以下的,试用期不得超过15日;劳动合同期限在6个月以上1年以下的,试用期不得超过30日;劳动合同期限在1年以上2年以下的,试用期不得超过60日。试用期包括在劳动合同期限中。非全日制劳动合同,不得约定试用期。

（3）订立劳动合同时，用人单位不得向劳动者收取定金、保证金或扣留居民身份证。

根据劳动保障部《劳动力市场管理规定》，禁止用人单位招用人员时向求职者收取招聘费用、向被录用人员收取保证金或抵押金、扣押被录用人员的身份证等证件。用人单位违反规定的，由劳动保障行政部门责令改正，并可处以1000元以下罚款；对当事人造成损害的，应承担赔偿责任。

（4）劳动者不必履行无效的劳动合同。

①无效的劳动合同是指不具有法律效力的劳动合同。根据《劳动法》的规定，下列劳动合同无效：

a. 违反法律、行政法规的劳动合同。

b. 采取欺诈、威胁等手段订立的劳动合同。劳动合同的无效，由劳动争议仲裁委员会或者人民法院确认。无效的劳动合同，从订立的时候起，就没有法律约束力。也就是说，劳动者自始至终都无须履行无效劳动合同。确认劳动合同部分无效的，如果不影响其余部分的效力，其余部分仍然有效。

②由于用人单位的原因订立的无效合同，对劳动者造成损害的，应当承担赔偿责任。具体包括：

a. 造成劳动者工资收入损失的，按劳动者本人应得工资收入支付给劳动者，并加付应得工资收入25％的赔偿费用。

b. 造成劳动者劳动保护待遇损失的，应按国家规定补足劳动者的劳动保护津贴和用品。

c. 造成劳动者工伤、医疗待遇损失的，除按国家规定为劳动者提供工伤、医疗待遇外，还应支付劳动者相当于医疗费用25％的赔偿费用。

d. 造成女职工和未成年工身体健康损害的，除按国家规定提供治疗期间的医疗待遇外，还应支付相当于其医疗费用25％

的赔偿费用。

e. 劳动合同约定的其他赔偿费用。

（5）用人单位不得随意变更劳动合同。

劳动合同的变更，是指劳动关系双方当事人就已订立的劳动合同的部分条款达成修改、补充或者废止协定的法律行为。《劳动法》规定，变更劳动合同，应当遵循平等自愿、协商一致的原则，不得违反法律、行政法规的规定。经双方协商同意依法变更后的劳动合同继续有效，对双方当事人都有约束力。

（6）解除劳动合同应当符合《劳动法》的规定。

劳动合同的解除，是指劳动合同有效成立后至终止前这段时期内，当具备法律规定的劳动合同解除条件时，因用人单位或劳动者一方或双方提出，而提前解除双方的劳动关系。根据《劳动法》的规定，劳动者可以和用人单位协商解除劳动合同，也可以在符合法律规定的情况下单方解除劳动合同。

①劳动者单方解除。

a.《劳动法》第三十一条规定：劳动者解除劳动合同，应当提前三十日以书面形式通知用人单位。这是劳动者解除劳动合同的条件和程序。劳动者提前三十日以书面形式通知用人单位解除劳动合同，无须征得用人单位的同意，用人单位应及时办理有关解除劳动合同的手续。但由于劳动者违反劳动合同的有关约定而给用人单位造成经济损失的，应依据有关规定和劳动合同的约定，由劳动者承担赔偿责任。

b.《劳动法》第三十二条规定：有下列情形之一的，劳动者可以随时通知用人单位解除劳动合同：

（a）在试用期内的；

（b）用人单位以暴力、威胁或者非法限制人身自由的手段强迫劳动的；

(c)用人单位未按照劳动合同约定支付劳动报酬或者提供劳动条件的。

②用人单位单方解除。

a.《劳动法》第二十五条规定,劳动者有下列情形之一的,用人单位可以解除劳动合同:

(a)在试用期间被证明不符合录用条件的;

(b)严重违反劳动纪律或者用人单位规章制度的;

(c)严重失职、营私舞弊,对用人单位利益造成重大损害的;

(d)被依法追究刑事责任的。

b.《劳动法》第二十六条规定:有下列情形之一的,用人单位可以解除劳动合同,但是应当提前三十日以书面形式通知劳动者本人:

(a)劳动者患病或者非因工负伤,医疗期满后,既不能从事原工作也不能从事由用人单位另行安排的工作的;

(b)劳动者不能胜任工作,经过培训或者调整工作岗位,仍不能胜任工作的;

(c)劳动合同订立时所依据的客观情况发生重大变化,致使原劳动合同无法履行,经当事人协商不能就变更劳动合同达成协议的。

c.《劳动法》第二十七条规定:用人单位濒临破产进行法定整顿期间或者生产经营状况发生严重困难,确需裁减人员的,应当提前三十日向工会或者全体职工说明情况,听取工会或者职工的意见,经向劳动保障行政部门报告后,可以裁减人员。并且规定,用人单位自裁减人员之日起六个月内录用人员的,应当优先录用被裁减的人员。

(7)用人单位解除劳动合同应当依法向劳动者支付经济补偿金。

根据《劳动法》规定,在下列情况下,用人单位解除与劳动者的劳动合同,应当根据劳动者在本单位的工作年限,每满一年发给相当于一个月工资的经济补偿金:

①经劳动合同当事人协商一致,由用人单位解除劳动合同的。

②劳动者不能胜任工作,经过培训或者调整工作岗位仍不能胜任工作,由用人单位解除劳动合同的。

以上两种情况下支付经济补偿金,最多不超过 12 个月。

③劳动合同订立时所依据的客观情况发生了重大变化,致使原劳动合同无法履行,经当事人协商不能就变更劳动合同达成协议,由用人单位解除劳动合同的。

④用人单位濒临破产进行法定整顿期间或者生产经营状况发生严重困难,必须裁减人员,由用人单位解除劳动合同的。

⑤劳动者患病或者非因工负伤,经劳动鉴定委员会确认不能从事原工作,也不能从事用人单位另行安排的工作而解除劳动合同的;在这类情况下,同时应发给不低于 6 个月工资的医疗补助费。劳动者患重病或者绝症的还应增加医疗补助费,患重病的增加部分不低于医疗补助费的 50%,患绝症的增加部分不低于医疗补助费的 100%。

另外,用人单位解除劳动者劳动合同后,未按以上规定给予劳动者经济补偿的,除必须全额发给经济补偿金外,还须按欠发经济补偿金数额的 50%支付额外经济补偿金。

经济补偿金应当一次性发给。劳动者在本单位工作时间不满一年的按一年的标准计算。计算经济补偿金的工资标准是企业正常生产情况下,劳动者解除合同前 12 个月的月平均工资;在以上第③、④、⑤类情况下,给予经济补偿金的劳动者月平均工资低于企业月平均工资的,应按企业月平均工资支付。

(8)用人单位不得随意解除劳动合同。

《劳动法》及《违反〈劳动法〉有关劳动合同规定的赔偿办法》（劳部发［1995］223号）规定，用人单位不得随意解除劳动合同。用人单位违法解除劳动合同的，由劳动保障行政部门责令改正；对劳动者造成损害的，应当承担赔偿责任。具体赔偿标准是：

①造成劳动者工资收入损失的，按劳动者本人应得工资收入支付劳动者，并加付应得工资收入25％的赔偿费用。

②造成劳动者劳动保护待遇损失的，应按国家规定补足劳动者的劳动保护津贴和用品。

③造成劳动者工伤、医疗待遇损失的，除按国家规定为劳动者提供工伤、医疗待遇外，还应支付劳动者相当于医疗费用25％的赔偿费用。

④造成女职工和未成年工身体健康损害的，除按国家规定提供治疗期间的医疗待遇外，还应支付相当于其医疗费用25％的赔偿费用。

⑤劳动合同约定的其他赔偿费用。

2. 工资

(1)用人单位应该按时足额支付工资。

《劳动法》中的"工资"是指用人单位依据国家有关规定或劳动合同的约定，以货币形式直接支付给本单位劳动者的劳动报酬，一般包括计时工资、计件工资、奖金、津贴和补贴、延长工作时间的工资报酬以及特殊情况下支付的工资等。

(2)用人单位不得克扣劳动者工资。

《劳动法》以及《违反〈中华人民共和国劳动法〉行政处罚办法》等规定，用人单位不得克扣劳动者工资。用人单位克扣劳动者工资的，由劳动保障行政部门责令支付劳动者的工资报酬，并加发相当于工资报酬 25％ 的经济补偿金。并可责令用人单位按相当于支付劳动者工资报酬、经济补偿总和的一至五倍支付劳动者赔偿金。

"克扣工资"是指用人单位无正当理由扣减劳动者应得工资（即在劳动者已提供正常劳动的前提下，用人单位按劳动合同规定的标准应当支付给劳动者的全部劳动报酬）。

（3）用人单位不得无故拖欠劳动者工资。

《劳动法》以及《违反〈中华人民共和国劳动法〉行政处罚办法》等规定，用人单位无故拖欠劳动者工资的，由劳动保障行政部门责令支付劳动者的工资报酬，并加发相当于工资报酬 25％ 的经济补偿金。并可责令用人单位按相当于支付劳动者工资报酬、经济补偿总和的一至五倍支付劳动者赔偿金。

"无故拖欠工资"是指用人单位无正当理由超过规定付薪时间未支付劳动者工资。

（4）农民工工资标准。

①在劳动者提供正常劳动的情况下，用人单位支付的工资不得低于当地最低工资标准。

根据《劳动法》、劳动保障部《最低工资规定》等规定，在劳动者提供正常劳动的情况下，用人单位应支付给劳动者的工资在剔除下列各项以后，不得低于当地最低工资标准：

a. 延长工作时间工资。

b. 中班、夜班、高温、低温、井下、有毒有害等特殊工作环境条件下的津贴。

c. 法律、法规和国家规定的劳动者福利待遇等。

实行计件工资或提成工资等工资形式的用人单位，在科学合理的劳动定额基础上，其支付劳动者的工资不得低于相应的最低工资标准。

用人单位违反以上规定的,由劳动保障行政部门责令其限期补发所欠劳动者工资,并可责令其按所欠工资的一至五倍支付劳动者赔偿金。

②在非全日制劳动者提供正常劳动的情况下,用人单位支付的小时工资不得低于当地小时工资最低标准。

劳动保障部《最低工资规定》《关于非全日制用工若干问题的意见》规定,非全日制用工是指以小时计酬、劳动者在同一用人单位平均每日工作时间不超过5h、累计每周工作时间不超过30h的用工形式。用人单位应当按时足额支付非全日制劳动者的工资,具体可以按小时、日、周或月为单位结算。在非全日制劳动者提供正常劳动的情况下,用人单位支付的小时工资不得低于当地小时工资最低标准。非全日制用工的小时工资最低标准由省、自治区、直辖市规定。

③用人单位安排劳动者加班加点应依法支付加班加点工资。

《劳动法》以及《违反〈中华人民共和国劳动法〉行政处罚办法》等规定,用人单位安排劳动者加班加点应依法支付加班加点工资。用人单位拒不支付加班加点工资的,由劳动保障行政部门责令支付劳动者的工资报酬,并加发相当于工资报酬25%的经济补偿金。并可责令用人单位按相当于支付劳动者工资报酬、经济补偿总和的一至五倍支付劳动者赔偿金。

劳动者日工资可统一按劳动者本人的月工资标准除以每月制度工作天数进行折算。职工全年月平均工作天数和工作时间分别为20.92天和167.4h,职工的日工资和小时工资按此进行折算。

3. 社会保险

(1)农民工有权参加基本医疗保险。

根据国家有关规定,各地要逐步将与用人单位形成劳动关系的农村进城务工人员纳入医疗保险范围。根据农村进城务工人员的特点和医疗需求,合理确定缴费率和保障方式,解决他们在务工期间的大病医疗保障问题,用人单位要按规定为其缴纳医疗保险费。对在城镇从事个体经营等灵活就业的农村进城务工人员,可以按照灵活就业人员参保的有关规定参加医疗保险。据此,在已经将农民工纳入医疗保险范围的地区,农民工有权参加医疗保险,用人单位和农民工本人应依法缴纳医疗保险费,农民工患病时,可以按照规定享受有关医疗保险待遇。

(2)农民工有权参加基本养老保险。

按照国务院《社会保险费征缴暂行条例》等有关规定,基本养老保险覆盖范围内的用人单位的所有职工,包括农民工,都应该参加养老保险,履行缴费义务。参加养老保险的农民合同制职工,在与企业终止或解除劳动关系后,由社会保险经办机构保留其养老保险关系,保管其个人账户并计息。凡重新就业的,应接续或转移养老保险关系;也可按照省级政府的规定,根据农民合同制职工本人申请,将其个人账户个人缴费部分一次性支付给本人,同时终止养老保险关系。农民合同制职工在男年满60周岁、女年满55周岁时,累计缴费年限满15年以上的,可按规定领取基本养老金;累计缴费年限不满15年的,其个人账户全部储存额一次性支付给本人。

(3)农民工有权参加失业保险。

根据《失业保险条例》规定,城镇企业事业单位招用的农民合同制工人应该参加失业保险,用人单位按规定为农民工缴纳社会保险费,农民合同制工人本人不缴纳失业保险费。单位招用的农民合同制工人连续工作满1年,本单位并已缴纳失业保险费,劳动合同期满未续订或者提前解除劳动合同的,由社会保险经办机构根据其工作时间长短,对其支付一次性生活补助。

补助的办法和标准由省、自治区、直辖市人民政府规定。

（4）用人单位应依法为农民工参加生育保险。

目前我国的生育保险制度还没有普遍建立，各地工作进展不平衡。从各地制定的规定看，有的地区没有将农民工纳入生育保险覆盖范围，有的地区则将农民工纳入了生育保险覆盖范围。如果农民工所在地区将农民工纳入了生育保险覆盖范围，农民工所在单位应按规定为农民工参加生育保险并缴纳生育保险费，符合规定条件的生育农民工依法享受生育保险待遇。

（5）劳动争议与调解处理。

劳动争议，也称劳动纠纷，就是指劳动关系当事人双方（用人单位和劳动者）之间因执行劳动法律、法规或者履行劳动合同以及其他劳动问题而发生劳动权利与义务方面的纠纷。

①劳动争议的范围。劳动争议的内容，是指劳动合同关系中当事人的权利与义务。所以，用人单位与劳动者之间发生的争议不都是劳动争议。只有在争议涉及劳动关系双方当事人在劳动关系中的权利和义务时，它才是劳动争议。劳动争议包括：因开除、除名、辞退职工和职工辞职、自动离职发生的争议；因执行国家有关工资、保险、福利、培训、劳动保护的规定发生的争议；因履行劳动合同发生的争议等。

②劳动争议处理机构。我国的劳动争议处理机构主要有：企业劳动争议调解委员会、各级政府劳动争议仲裁委员会和人民法院。根据《劳动法》等的规定：在用人单位内可以设劳动争议调解委员会，负责调解本单位的劳动争议；在县、市、市辖区应当设立劳动争议仲裁委员会；各级人民法院的民事审判庭负责劳动争议案件的审理工作。

③劳动争议的解决方法。根据我国有关法律、法规的规定，解决劳动争议的方法如下：

　　a. 协商。劳动争议发生后,双方当事人应当先进行协商,以达成解决方案。

　　b. 调解。就是企业调解委员会对本单位发生的劳动争议进行调解。从法律、法规的规定看,这并不是必经的程序。但它对于劳动争议的解决却起到很大作用。

　　c. 仲裁。劳动争议调解不成的,当事人可以向劳动争议仲裁委员会申请仲裁。当事人也可以直接向劳动争议仲裁委员会申请仲裁。当事人从知道或应当知道其权利被侵害之日起 60日内,以书面形式向仲裁委员会申请仲裁。仲裁委员会应当自收到申请书之日起 7 日内做出受理或不予受理的决定。

　　d. 诉讼。当事人对仲裁裁决不服的,可以自收到仲裁裁决之日起 15 日内向人民法院起诉。人民法院民事审判庭受理和审理劳动争议案件。

　　④维护自身权益要注意法定时限。劳动者通过法律途径维护自身权益,一定要注意不能超过法律规定的时限。劳动者通过劳动争议仲裁、行政复议等法律途径维护自身合法权益,或者申请工伤认定、职业病诊断与鉴定等,一定要注意在法定的时限内提出申请。如果超过了法定时限,有关申请可能不会被受理,致使自身权益难以得到保护。主要的时限包括:

　　a. 申请劳动争议仲裁的,应当在劳动争议发生之日(即当事人知道或应当知道其权利被侵害之日)起 60 日内向劳动争议仲裁委员会申请仲裁。

　　b. 对劳动争议仲裁裁决不服、提起诉讼的,应当自收到仲裁裁决书之日起 15 日内,向人民法院提起诉讼。

　　c. 申请行政复议的,应当自知道该具体行政行为之日起 60日内提出行政复议申请。

　　d. 对行政复议决定不服、提起行政诉讼的,应当自收到行政复议决定书之日起 15 日内,向人民法院提起行政诉讼。

e. 直接向人民法院提起行政诉讼的,应当在知道做出具体行政行为之日起 3 个月内提出,法律另有规定的除外。因不可抗力或者其他特殊情况耽误法定期限的,在障碍消除后的 10 日内,可以申请延长期限,由人民法院决定。

f. 申请工伤认定的,所在单位应当自事故伤害发生之日或者被诊断、鉴定为职业病之日起 30 日内,向统筹地区劳动保障行政部门提出工伤认定申请。遇有特殊情况,经报劳动保障行政部门同意,申请时限可以适当延长。用人单位未按前款规定提出工伤认定申请的,工伤职工或者其直系亲属、工会组织在事故伤害发生之日或者被诊断、鉴定为职业病之日起 1 年内,可以直接向用人单位所在地统筹地区劳动保障行政部门提出工伤认定申请。

三、工人健康卫生知识

1. 常见疾病的预防和治疗

(1)流行性感冒。

①流行性感冒的传播方式。流行性感冒简称流感,是由流感病毒引起的一种急性呼吸道传染病。流感的传染源主要是患者,病后 1～7 天均有传染性。流感主要通过呼吸道传播,传染性很强,常引起流行。一般常突然发生,迅速蔓延,患者数多。

提示:发生流行性感冒时应注意与病人保持一定距离,以免被传染。

②流行性感冒的症状。流感的症状与感冒类似,主要是发热及上呼吸道感染症状,如咽痛、鼻塞、流鼻涕、打喷嚏、咳嗽等。流感的全身症状重,而局部症状很轻。

③流行性感冒的预防。

a. 最主要的是注射流感疫苗,疫苗应于流感流行前 1～2 个月注射。因流感冬季易发,故常于每年 10 月左右进行注射。

b. 应当尽量避免接触病人,流行期间不到人多的地方去。

c. 增强身体抵抗力最重要,生活规律、适当锻炼、合理营养、精神愉快非常关键。

d. 避免过累、精神紧张、着凉、酗酒等。

(2)细菌性痢疾。

①细菌性痢疾的传播方式。细菌性痢疾(简称菌痢),是夏秋季节最常见的急性肠道传染病,由痢疾杆菌引起,以结肠化脓性炎症为主要病变。菌痢主要通过粪—口途径传播,即患者大便中的痢疾杆菌可以污染手、食物、水、蔬菜、水果等而进入口中引起感染。细菌性痢疾终年均有发生,但多流行于夏秋季节。人群对此病普遍易感,幼儿及青壮年发病率较高。

②细菌性痢疾的症状。细菌性痢疾病情可轻可重,轻者仅有轻度腹泻,重者可有发热、全身不适、乏力、恶心、呕吐、腹痛、腹泻。腹泻次数由一日数次至十数次不等,患者常有老想解大便可总也解不干净的感觉(里急后重),患者大便中常有黏液,重者有脓血。

③细菌性痢疾的预防。

a. 做好痢疾患者的粪便、呕吐物的消毒处理,管理好水源,防止病菌污染水源、土壤及农作物;患者使用过的厕所、餐具等也应消毒。

b. 不喝生水,不生吃水产品,蔬菜要洗净、炒熟再吃,水果应洗净削皮后食用。

c. 养成饭前、便后洗手的习惯,不吃被苍蝇、蟑螂叮咬过或爬过的食物,积极做好灭苍蝇、灭蟑螂工作。

d. 加强体育锻炼,增强体质。

重点:注意个人卫生,养成饭前、便后洗手的习惯。

(3)食物中毒。

①细菌性食物中毒的传播方式。细菌性食物中毒是由于进食被细菌或细菌毒素污染的食物而引起的急性感染中毒性疾病。细菌性食物中毒是典型的肠道传染病,发生原因主要有以下几个方面:

a. 食物在宰杀或收割、运输、储存、销售等过程中受到病菌的污染。

b. 被致病菌污染的食物在较高的温度下存放,食品中充足的水分、适宜的酸碱度及营养条件使致病菌大量繁殖或产生毒素。

c. 食品在食用前未烧透或熟食受到生食交叉污染。

d. 在缺氧环境中(如罐头等)肉毒杆菌产生毒素。

②细菌性食物中毒的症状。胃肠型细菌性食物中毒是食物中毒中最常见的一种,是由于食用了被细菌或细菌毒素污染的食物所引起的。绝大多数患者表现为胃肠炎的症状,如恶心、呕吐、腹痛、腹泻、排水样便等。腹泻一天数次到数十次不等,多数是稀水样便,个别人可有黏液血便、血水样便等,极少数患者可以发生败血症。

③细菌性食物中毒的预防。

a. 防止食品污染。加强对污染源的管理,做好牲畜屠宰前后的卫生检验,防止感染;对海鲜类食品应加强管理,防止污染其他食品;要严防食品加工、贮存、运输、销售过程中被病原体污染;食品容器、刀具等应严格生熟分开使用,做好消毒工作,防止交叉污染;生产场所、厨房、食堂等要有防蝇、防鼠设备;严格遵守饮食行业和炊事人员的个人卫生制度;患化脓性病症和上呼吸道感染的患者,在治愈前不应参加接触食品的工作。

b. 控制病原体繁殖及外毒素的形成。食品应低温保存或放在阴凉通风处,食品中加盐量达 10％也可有效控制细菌繁殖及毒素形成。

c. 彻底加热杀灭细菌及破坏毒素。这是防止食物中毒的重要措施,要彻底杀灭肉中的病原体,肉块不应太大,加热时其内部温度可以达到 80℃,这样持续 12min 就可将细菌杀死。

d. 凡是食品在加工和保存过程中有厌氧环境存在,均应防止肉毒杆菌的污染,过期罐头——特别是产气罐头(其盖鼓起)均勿食用。

(4)病毒性肝炎。

①病毒性肝炎的类型。病毒性肝炎是由多种肝炎病毒引起的,以肝脏损害为主的一组全身性传染病。按病原体分类,目前已确定的有甲型肝炎、乙型肝炎、丙型肝炎、丁型肝炎、戊型肝炎。通过实验诊断排除上述类型的肝炎者,称为"非甲—戊型肝炎"。

②病毒性肝炎的传染源。

a. 甲型肝炎无病毒携带状态,传染源为急性期患者和隐性感染者。粪便排毒期在起病前 2 周至血清转氨酶高峰期后 1 周,少数患者延长至病后 30 天。

b. 乙型肝炎属于常见传染病,可通过母婴、血液和体液传播。传染源主要是急、慢性乙型肝炎患者和病毒携带者。急性患者在潜伏期末及急性期有传染性,但不超过 6 个月。慢性患者和病毒携带者作为传染源预防的意义重大。

c. 丙型肝炎的传染源是急、慢性患者和无症状病毒携带者。

d. 丁型肝炎的传染源与乙型肝炎相似。

e. 戊型肝炎的传染源与甲型肝炎相似。

③病毒性肝炎的症状。

a.疲乏无力、懒动、下肢酸困不适,稍加活动则难以支持。

b.食欲不振、食欲减退、厌油、恶心、呕吐及腹胀,往往食后加重。

c.部分病人尿黄、尿色如浓茶,大便色淡或灰白,腹泻或便秘。

d.右上腹部有持续性腹痛,个别病人可呈针刺样或牵拉样疼痛,于活动、久坐后加重,卧床休息后可缓解,右侧卧时加重,左侧卧时减轻。

e.医生检查可有肝脏肿大、压痛、肝区叩击痛、肝功能损害,部分病例出现发热及黄疸表现。

f.血清谷丙转氨酶及血中总胆红素升高有助于诊断,也可进一步做血清免疫学检查及明确肝炎类型。

④病毒性肝炎的预防。病毒性肝炎预防应采取以切断传播途径为重点的综合性措施。

对甲型、戊型肝炎,重点抓好水源保护、饮水消毒、食品加工、粪便管理等,切断粪—口途径传播,注意个人卫生,饭前、便后洗手,不喝生水,生吃瓜果要洗净。对于急性病如甲型和戊型肝炎病人接触的易感人群,应注射人血丙种球蛋白,注射时间越早越好。

对乙型、丙型和丁型肝炎,重点在于防止通过血液和体液的传播,各种医疗及预防注射,应实行一人一针一管,对带血清的污染物应严格消毒,对血液和血液制品应严格检测。对学龄前儿童和密切接触者,应接种乙肝疫苗;乙肝疫苗和乙肝免疫球蛋白联合应用可有效地阻断母婴传播;医务人员在工作中因医疗意外或医疗操作不慎感染乙肝病毒,应立即注射免疫球蛋白。

2. 职业病的预防和治疗

(1)职业病定义。

所谓职业病,是指企业、事业单位和个体经济组织的劳动者在职业活动中,因接触粉尘、放射性物质和其他有毒、有害物质等因素而引起的疾病。对于患职业病的,我国法律规定,应属于工伤,享受工伤待遇。

(2)建筑企业常见的职业病。

①接触各种粉尘引起的尘肺病。

②电焊工尘肺、眼病。

③直接操作振动机械引起的手臂振动病。

④油漆工、粉刷工接触有机材料散发的不良气体引起的中毒。

⑤接触噪声引起的职业性耳聋。

⑥长期超时、超强度地工作,精神长期过度紧张造成相应职业病。

⑦高温中暑等。

(3)职业病鉴定与保障。

劳动者如果怀疑所得的疾病为职业病,应当及时到当地卫生部门批准的职业病诊断机构进行职业病诊断。对诊断结论有异议的,可以在 30 日内到市级卫生行政部门申请职业病诊断鉴定,鉴定后仍有异议的,可以在 15 日内到省级卫生行政部门申请再鉴定。被诊断、鉴定为职业病,所在单位应当自被诊断、鉴定为职业病之日起 30 日内,向统筹地区劳动保障行政部门提出工伤认定申请。

提示:劳动者日常需要注意收集与职业病相关的材料。

(4)职业病的诊断。

根据《中华人民共和国职业病防治法》(以下简称《职业病防治法》)和《职业病诊断与鉴定管理办法》的有关规定,具体程序为:

①职业病诊断应当由省级以上人民政府卫生行政部门批准的医疗卫生机构承担,劳动者可以在用人单位所在地或者本人居住地依法承担职业病诊断的医疗卫生机构进行职业病诊断。

②当事人申请职业病诊断时应当提供以下材料:

a. 职业史、既往史。

b. 职业健康监护档案复印件。

c. 职业健康检查结果。

d. 工作场所历年职业病危害因素检测、评价资料。

e. 诊断机构要求提供的其他必需的有关材料。

③职业病诊断应当依据职业病诊断标准,结合职业病危害接触史、工作场所职业病危害因素检测与评价、临床表现和医学检查结果等资料,综合做出分析。

④职业病诊断机构在进行职业病诊断时,应当组织三名以上取得职业病诊断资格的执业医师进行集体诊断。

⑤职业病诊断机构做出职业病诊断后,应当向当事人出具职业病诊断证明书。职业病诊断证明书应当明确是否患有职业病,对患有职业病的,还应当载明所患职业病的名称、程度(期别)、处理意见和复查时间。

⑥当事人对职业病诊断有异议的,在接到职业病诊断证明书之日起 30 日内,可以向做出诊断的医疗卫生机构所在地的市级卫生行政部门申请鉴定。

⑦当事人申请职业病诊断鉴定时,应当提供以下材料:

a. 职业病诊断鉴定申请书。

b. 职业病诊断证明书。

c. 其他有关资料。职业病诊断鉴定办事机构应当自收到申请资料之日起 10 日内完成材料审核，对材料齐全的发给受理通知书；材料不全的，通知当事人补充。职业病诊断鉴定办事机构应当在受理鉴定之日起 60 日内组织鉴定。

⑧鉴定委员会应当认真审查当事人提供的材料，必要时可听取当事人的陈述和申辩，对被鉴定人进行医学检查，对被鉴定人的工作场所进行现场调查取证。

⑨职业病诊断鉴定书应当包括以下内容：

a. 劳动者、用人单位的基本情况及鉴定事由。

b. 参加鉴定的专家情况。

c. 鉴定结论及其依据，如果为职业病，应当注明职业病名称、程度（期别）。

d. 鉴定时间。职业病诊断鉴定书应当于鉴定结束之日起 20 日内由职业病诊断鉴定办事机构发送给当事人。

（5）劳动者有权利拒绝从事容易发生职业病的工作。

劳动者依法享有保持自己身体健康的权利，因此，对于是否选择从事存在职业病危害的工作，应当由劳动者依照其自己的意愿决定。而要使劳动者能够自行决定是否选择从事该工作，就应当保证劳动者对相关工作内容以及其可能带来的危害有一定的了解。正因为如此，《职业病防治法》规定："用人单位与劳动者订立劳动合同（含聘用合同，下同）时，应当将工作过程中可能产生的职业病危害及其后果、职业病防护措施和待遇等如实告知劳动者，并在劳动合同中写明，不得隐瞒或者欺骗。""劳动者在已订立劳动合同期间因工作岗位或者工作内容变更，从事与所订立劳动合同中未告知的存在职业病危害的作业时，用人单位应当依照前款规定，向劳动者履行如实告知的义务，并协商变更原劳动合同相关条款。""用人单位违反前两款规定的，劳动者有权拒绝从事存在职业病危害的作业,用人单位不得因此解除或者终止与劳动者所订立的劳动合同。"

另外,根据《职业病防治法》的规定,用人单位违反本规定,订立或者变更劳动合同时,未告知劳动者职业病危害真实情况的,由卫生行政部门责令限期改正,给予警告,可以并处2万元以上5万元以下的罚款。

根据前述规定,如果用人单位没有将工作过程中可能产生的职业病危害及其后果、职业病防护措施和待遇等如实告知劳动者,并在劳动合同中写明,那么劳动者就有权利拒绝从事存在职业病危害的作业,并且用人单位不得因劳动者拒绝从事该作业而解除或者终止劳动者的劳动合同。

(6)患职业病的劳动者有权获得相应的保障。

①患职业病的劳动者有权利获得职业保障。《中华人民共和国劳动合同法》规定,用人单位以下情形不得解除劳动合同:

a. 患职业病或者因工负伤并确认丧失或者部分丧失劳动能力的。

b. 患病或者负伤,在规定的医疗期内的。职业病病人依法享受国家规定的职业病待遇,用人单位对不适宜继续从事原工作的职业病病人,应当调离原岗位,并妥善安置。

②患职业病的劳动者有权利获得医疗保障。《职业病防治法》规定:"职业病病人依法享受国家规定的职业病待遇。用人单位应当按照国家有关规定,安排职业病病人进行治疗、康复和定期检查。"

③患职业病的劳动者有权利获得生活保障。《职业病防治法》规定:"劳动者被诊断患有职业病,但用人单位没有依法参加工伤社会保险的,其医疗和生活保障由最后的用人单位承担。"

④患职业病的劳动者有权利依法获得赔偿。职业病病人除依法享有工伤社会保险外,依照有关民事法律,尚有获得赔偿的权利的,有权向用人单位提出赔偿要求。

(7)职工患职业病后的一次性处理规定。

职工患病后,应当先行治疗,然后进行职业病的诊断和鉴定。如果职工按照《职业病防治法》规定被诊断、鉴定为职业病,必须向劳动保障行政部门提出工伤认定申请,由劳动保障行政部门做出工伤认定。如果职工经治疗伤情相对稳定后存在残疾、影响劳动能力的,还应当进行劳动能力鉴定。最后职工才可按照《工伤保险条例》规定的标准享受工伤保险待遇。

以上程序是职工患职业病后享受工伤待遇所必需的,是切实保障职工合法权益的基础。但在实际生活中,一些用人单位和职工由于不懂工伤法律或者怕麻烦、图省事,在职工患病后就直接约定进行一次性工伤补助,这种做法是不可取的。当然,如果工伤职工愿意,待治愈或病情稳定做出工伤伤残等级鉴定后,可参照有关工伤的规定依法与企业达成一次性领取工伤待遇的相关协议。

(8)治疗职业病的有关费用支付。

首先应当明确的是,检查、治疗、诊断职业病的,劳动者本人不承担相关费用。这些费用依照规定,应当由用人单位负担或者从工伤保险基金中支付。

①职业健康检查费用由用人单位承担。

②救治急性职业病危害的劳动者,或者进行健康检查和医学观察,所需费用由用人单位承担。

③职业病诊断鉴定费用由用人单位承担。

④因职业病进行劳动能力鉴定的,鉴定费从工伤保险基金中支付。

⑤因职业病需要治疗的,相关费用按照工伤的规定处理。

还需要说明的是,不管是职业病还是其他原因发生的工伤,都必须进行彻底的治疗,相关的费用不管花了多少,都应当依法予以报销,即"工伤索赔上不封顶"。

(9)劳动者在职业病防治中须承担的义务。

①认真接受用人单位的职业卫生培训,努力学习和掌握必要的职业卫生知识。

②遵守职业卫生法规、制度、操作规程。

③正确使用与维护职业危害防护设备及个人防护用品。

④及时报告事故隐患。

⑤积极配合上岗前、在岗期间和离岗时的职业健康检查。

⑥如实提供职业病诊断、鉴定所需的有关资料等。

重点:熟知职业安全卫生警示标志,禁止不安全的操作行为,正确使用个人防护用品。

(10)建筑企业常见职业病及预防控制措施。

①接触各种粉尘引起的尘肺病预防控制措施。

作业场所防护措施:加强水泥等易扬尘的材料的存放处、使用处的扬尘防护,任何人不得随意拆除,在易扬尘部位设置警示标志。

个人防护措施:落实相关岗位的持证上岗,给施工作业人员提供扬尘防护口罩,杜绝施工操作人员的超时工作。

②电焊工尘肺、眼病的预防控制措施。

作业场所防护措施:为电焊工提供通风良好的操作空间。

个人防护措施:电焊工必须持证上岗,作业时佩戴有害气体防护口罩、眼睛防护罩,杜绝违章作业,采取轮流作业,杜绝施工操作人员的超时工作。

③直接操作振动机械引起的手臂振动病的预防控制措施。

作业场所防护措施:在作业区设置预防职业病警示标志。

个人防护措施:机械操作工要持证上岗,提供振动机械防护手套,延长换班休息时间,杜绝作业人员的超时工作。

④油漆工、粉刷工接触有机材料散发不良气体引起的中毒预防控制措施。

作业场所防护措施:加强作业区的通风排气措施。

个人防护措施:相关工种持证上岗,给作业人员提供防护口罩,轮流作业,杜绝作业人员的超时工作。

⑤接触噪声引起的职业性耳聋的预防控制措施。

作业场所防护措施:在作业区设置防职业病警示标志,对噪声大的机械加强日常保养和维护,减少噪声污染。

个人防护措施:为施工操作人员提供劳动防护耳塞轮流作业,杜绝施工操作人员的超时工作。

⑥长期超时、超强度地工作,精神长期过度紧张所造成相应职业病的预防控制措施。

作业场所防护措施:提高机械化施工程度,减小工人劳动强度,为职工提供良好的生活、休息、娱乐场所,加强施工现场文明施工。

个人防护措施:不盲目抢工期,即使抢工期也必须安排充足的人员能够按时换班作业,采取 8h 作业换班制度,及时发放工人工资,稳定工人情绪。

⑦高温中暑的预防控制措施。

作业场所防护措施:在高温期间,为职工备足饮用水或绿豆汤、防中暑药品、器材。

个人防护措施:减少工人工作时间,尤其是延长中午休息时间。

提示:工作场所自觉做好个人安全防护。

四、工地施工现场急救知识

施工现场急救基本常识主要包括应急救援基本常识、触电急救知识、创伤救护知识、火灾急救知识、中毒及中暑急救知识以及传染病急救措施等，了解并掌握这些现场急救基本常识，是做好安全工作的一项重要内容。

1.应急救援基本常识

（1）施工企业应建立企业级重大事故应急救援体系，以及重大事故救援预案。

（2）施工项目应建立项目重大事故应急救援体系，以及重大事故救援预案；在实行施工总承包时，应以总承包单位事故预案为主，各分包队伍也应有各自的事故救援预案。

（3）重大事故的应急救援人员应经过专门的培训，事故的应急救援必须有组织、有计划地进行；严禁在未清楚事故情况下，盲目救援，以免造成更大的伤害。

（4）事故应急救援的基本任务：

①立即组织营救受害人员，组织撤离或者采取其他措施保护危害区域内的其他人员。

②迅速控制事态，并对事故造成的危害进行检测、监测，测定事故的危害区域、危害性质及危害程度。

③消除危害后果，做好现场恢复。

④查清事故原因，评估危害程度。

2.触电急救知识

触电者的生命能否获救，在绝大多数情况下取决于能否迅速脱离电源和正确地实行人工呼吸和心脏按摩。拖延时间、动作迟缓或救护不当,都可能造成人员伤亡。

（1）脱离电源的方法。

①发生触电事故时,附近有电源开关和电流插销的,可立即将电源开关断开或拔出插销;但普通开关（如拉线开关、单极按钮开关等）只能断一根线,有时不一定关断的是相线,所以不能认为是切断了电源。

②当有电的电线触及人体引起触电,不能采用其他方法脱离电源时,可用绝缘的物体（如干燥的木棒、竹竿、绝缘手套等）将电线移开,使人体脱离电源。

③必要时可用绝缘工具（如带绝缘柄的电工钳、木柄斧头等）切断电线,以切断电源。

④应防止人体脱离电源后造成的二次伤害,如高处坠落、摔伤等。

⑤对于高压触电,应立即通知有关部门停电。

⑥高压断电时,应戴上绝缘手套,穿上绝缘鞋,用相应电压等级的绝缘工具切断开关。

（2）紧急救护基本常识。

根据触电者的情况,进行简单的诊断,并分别处理:

①病人神志清醒,但感到乏力、头昏、心悸、出冷汗,甚至有恶心或呕吐症状。此类病人应使其就地安静休息,减轻心脏负担,加快恢复;情况严重时,应立即小心送往医院检查治疗。

②病人呼吸、心跳尚存在,但神志昏迷。此时,应将病人仰卧,周围空气要流通,并注意保暖;除了要严密观察外,还要做好人工呼吸和心脏挤压的准备工作。

③如经检查发现,病人处于"假死"状态,则应立即针对不同类型的"假死"进行对症处理:如果呼吸停止,应用口对口的人工呼吸法来维持气体交换;如心脏停止跳动,应用体外人工心脏挤

压法来维持血液循环。

a. 口对口人工呼吸法:病人仰卧、松开衣物——→清理病人口腔阻塞物——→病人鼻孔朝天、头后仰——→捏住病人鼻子贴嘴吹气——→放开嘴鼻换气,如此反复进行,每分钟吹气 12 次,即每 5s 吹气 1 次。

b. 体外心脏挤压法:病人仰卧硬板上——→抢救者用手掌对病人胸口凹膛——→掌根用力向下压——→慢慢向下——→突然放开,连续操作,每分钟进行 60 次,即每秒一次。

c. 有时病人心跳、呼吸停止,而急救者只有一人时,必须同时进行口对口人工呼吸和体外心脏挤压,此时,可先吹两次气,立即进行挤压 15 次,然后再吹两次气,再挤压,反复交替进行。

3. 创伤救护知识

创伤分为开放性创伤和闭合性创伤。开放性创伤是指皮肤或黏膜的破损,常见的有:擦伤、切割伤、撕裂伤、刺伤、撕脱、烧伤;闭合性创伤是指人体内部组织损伤,而皮肤黏膜没有破损,常见的有:挫伤、挤压伤。

(1)开放性创伤的处理。

①对伤口进行清洗消毒可用生理盐水和酒精棉球,将伤口和周围皮肤上沾染的泥沙、污物等清理干净,并用干净的纱布吸收水分及渗血,再用酒精等药物进行初步消毒。在没有消毒条件的情况下,可用清洁水冲洗伤口,最好用流动的自来水冲洗,然后用干净的布或敷料吸干伤口。

②止血。对于出血不止的伤口,能否做到及时有效地止血,对伤员的生命安危影响较大。在现场处理时,应根据出血类型和部位不同采用不同的止血方法:直接压迫——将手掌通过敷

料直接加压在身体表面的开放性伤口的整个区域;抬高肢体——对于手、臂、腿部严重出血的开放性伤口都应抬高,使受伤肢体高于心脏水平线;压迫供血动脉——手臂和腿部伤口的严重出血,如果应用直接压迫和抬高肢体仍不能止血,就需要采用压迫点止血技术;包扎——使用绷带、毛巾、布块等材料压迫止血,保护伤口,减轻疼痛。

③烧伤的急救。应先去除烧伤源,将伤员尽快转移到空气流通的地方,用较干净的衣服把伤面包裹起来,防止再次污染;在现场,除了化学烧伤可用大量流动清水冲洗外,对创面一般不做处理,尽量不弄破水泡,保护表皮。

(2)闭合性创伤的处理。

①较轻的闭合性创伤,如局部挫伤、皮下出血,可在受伤部位进行冷敷,以防止组织继续肿胀,减少皮下出血。

②如发现人员从高处坠落或摔伤等意外时,要仔细检查其头部、颈部、胸部、腹部、四肢、背部和脊椎,看看是否有肿胀、青紫、局部压疼、骨摩擦声等其他内部损伤。假如出现上述情况,不能对患者随意搬动,需按照正确的搬运方法进行搬运;否则,可能造成患者神经、血管损伤并加重病情。

现场常用的搬运方法有:担架搬运法——用担架搬运时,要使伤员头部向后,以便后面抬担架的人可随时观察其变化;单人徒手搬运法——轻伤者可扶着走,重伤者可让其伏在急救者背上,双手绕颈交叉垂下,急救者用双手自伤员大腿下抱住伤员大腿。

③如怀疑有内伤,应尽早使伤员得到医疗处理;运送伤员时要采取卧位,小心搬运,注意保持呼吸道畅通,注意防止休克。

④运送过程中,如突然出现呼吸、心跳骤停时,应立即进行

人工呼吸和体外心脏挤压法等急救措施。

🌙 4. 火灾急救知识

一般地说,起火要有三个条件,即可燃物(木材、汽油等)、助燃物(氧气等)和点火源(明火、烟火、电焊花等)。扑灭初起火灾的一切措施,都是为了破坏已经产生的燃烧条件。

(1)火灾急救的基本要点。

施工现场应有经过训练的义务消防队,发生火灾时,应由义务消防队急救,其他人员应迅速撤离。

①及时报警,组织扑救。全体员工在任何时间、地点,一旦发现起火都要立即报警,并在确保安全前提下参与和组织群众扑灭火灾。

②集中力量,主要利用灭火器材,控制火势,集中灭火力量在火势蔓延的主要方向进行扑救,以控制火势蔓延。

③消灭飞火,组织人力监视火场周围的建筑物、露天物资堆放场所的未尽飞火,并及时扑灭。

④疏散物资,安排人力和设备,将受到火势威胁的物资转移到安全地带,阻止火势蔓延。

⑤积极抢救被困人员。人员集中的场所发生火灾,要有熟悉情况的人做向导,积极寻找和抢救被困的人员。

(2)火灾急救的基本方法。

①先控制,后消灭。对于不可能立即扑灭的火灾,要先控制火势,具备灭火条件时再展开全面进攻,一举消灭。

②救人重于救火。灭火的目的是为了打开救人通道,使被困的人员得到救援。

③先重点,后一般。重要物资和一般物资相比,先保护和抢救重要物资;火势蔓延猛烈方面和其他方面相比,控制火势蔓延

的方面是重点。

④正确使用灭火器材。水是最常用的灭火剂,取用方便,资源丰富,但要注意水不能用于扑救带电设备的火灾。各种灭火器的用途和使用方法如下:

酸碱灭火器:倒过来稍加摇动或打开开关,药剂喷出。适用于扑救油类火灾。

泡沫灭火器:把灭火器筒身倒过来,打开保险销,把喷管口对准火源,拉出拉环,即可喷出。适合于扑救木材、棉花、纸张等火灾,不能扑救电气、油类火灾。

二氧化碳灭火器:一手拿好喇叭筒对准火源,另一手打开开关既可。适合于扑救贵重仪器和设备,不能扑救金属钾、钠、镁、铝等物质的火灾。

干粉灭火器:打开保险销,把喷管口对准火源,拉出拉环,即可喷出。适用于扑救石油产品、油漆、有机溶剂和电气设备等火灾。

⑤人员撤离火场途中被浓烟围困时,应采取低姿势行走或匍匐穿过浓烟,有条件时可用湿毛巾等捂住嘴鼻,以便顺利撤出烟雾区;如无法进行逃生,可向建筑物外伸出衣物或抛出小物件,发出求救信号引起注意。

⑥进行物资疏散时应将参加疏散的员工编成组,指定负责人首先疏散通道,其次疏散物资,疏散的物资应堆放在上风向的安全地带,不得堵塞通道,并要派人看护。

5. 中毒及中暑急救知识

施工现场发生的中毒主要有食物中毒、燃气中毒及毒气中毒;中暑是指人员因处于高温高热的环境而引起的疾病。

(1)食物中毒的救护。

①发现饭后有多人呕吐、腹泻等不正常症状时,尽量让病人大量饮水,刺激喉部使其呕吐。

②立即将病人送往就近医院或打120急救电话。

③及时报告工地负责人和当地卫生防疫部门,并保留剩余食品以备检验。

(2)燃气中毒的救护。

①发现有人煤气中毒时,要迅速打开门窗,使空气流通。

②将中毒者转移到室外实行现场急救。

③立即拨打120急救电话或将中毒者送往就近医院。

④及时报告有关负责人。

(3)毒气中毒的救护。

①在井(地)下施工中有人发生毒气中毒时,井(地)上人员绝对不要盲目下去救助;必须先向出事点送风,救助人员装备齐全安全保护用具,才能下去救人。

②立即报告工地负责人及有关部门,现场不具备抢救条件时,应及时拨打110或120电话求救。

(4)中暑的救护。

①迅速转移。将中暑者迅速转移至阴凉通风的地方,解开衣服,脱掉鞋子,让其平卧,头部不要垫高。

②降温。用凉水或50%酒精擦其全身,直到皮肤发红、血管扩张以促进散热。

③补充水分和无机盐类。能饮水的患者应鼓励其喝足量盐开水或其他饮料,不能饮水者,应予静脉补液。

④及时处理呼吸、循环衰竭。呼吸衰竭时,可注射尼可刹明或山梗茶硷;循环衰竭时,可注射鲁明那钠等镇静药。

⑤医疗条件不完善时,应对患者严密观察,精心护理,送往附近医院进行抢救。

6.传染病急救措施

由于施工现场的人员较多,如果控制不当,容易造成集体感染传染病。因此需要采取正确的措施加以处理,防止大面积人员感染传染病。

(1)如发现员工有集体发烧、咳嗽等不良症状,应立即报告现场负责人和有关主管部门,对患者进行隔离加以控制,同时启动应急救援方案。

(2)立即把患者送往医院进行诊治,陪同人员必须做好防护隔离措施。

(3)对可能出现病因的场所进行隔离、消毒,严格控制疾病的再次传播。

(4)加强现场员工的教育和管理,落实各级责任制,严格履行员工进出现场登记手续,做好病情的监测工作。

参 考 文 献

[1] 中华人民共和国住房和城乡建设部. 建筑施工扣件式钢管脚手架安全技术规范(JGJ 130—2011)[S]. 北京:中国建筑工业出版社,2011.

[2] 建设部干部学院. 架子工. [M]. 武汉:华中科技大学出版社,2009.

[3] 建筑工人职业技能培训教材编委会. 架子工(第二版)[M]. 北京:中国建筑工业出版社,2015.

[4] 中华人民共和国住房和城乡建设部. 建筑施工工具式脚手架安全技术规范(JGJ 202—2010)[S]. 北京:中国建筑工业出版社,2010.

[5] 中华人民共和国住房和城乡建设部. 租赁模板脚手架维修保养技术规范(GB 50829—2013)[S]. 北京:中国建筑工业出版社,2013.

[6] 中华人民共和国住房和城乡建设部. 建筑施工碗扣式钢管脚手架安全技术规范(JGJ 166—2008)[S]. 北京:中国建筑工业出版社,2008.

[7] 中华人民共和国住房和城乡建设部. 建筑施工安全技术统一规范(GB 50870—2013)[S]. 北京:中国建筑工业出版社,2014.

[8] 建设部人事教育司. 木工[M]. 北京:中国建筑工业出版社,2002.